建平县种植业
实用技术手册

方子山　主编

中国农业出版社

农村读物出版社

北　京

编 著 者

主　编：方子山

副主编：国泽新　赵凤喜

编　者(按姓氏笔画排序)：

马泽旭　王成刚　王洪丽　王艳红　尤广兰
方子山　邓立军　付艳忠　代丽艳　冯　艳
司　璐　毕英杰　刘　伟　刘　超　刘文达
刘永军　孙　丽　杜国平　李向伟　李兴辉
步显银　邹佳漪　迟彩霞　张　蕊　张国志
苗　叶　国泽新　孟元刚　赵　凯　赵凤喜
贾兴斌　徐铭飞　郭伟令　盖亚波　韩国军
路　颖　管冠强

前言
FOREWORD

　　辽宁省建平县是以粮食生产为主的农业大县，总耕地面积276万亩，总人口60万，农业人口48.9万，人均耕地面积4.6亩。农业生产始终是关系到人民生活、经济发展、社会稳定的根本性问题。近年来，在建平县委、县政府的正确领导下，建平县农技推广人勇于吃苦、甘于奉献，通过高产创建、测土施肥、地力培肥、节水滴灌等项目的实施，实现了粮食的"五连增"。建平县在全国"玉米王挑战赛"东北区荣获"三连冠"，最高亩产达1 254.81千克，成绩喜人。

　　然而，现代农业发展步伐不断加快，对农民的知识水平和种植技术水平有了更高的要求。同时，农田生态环境恶化、种植结构单一、产投比失调、农产品产量和质量下降等诸多问题发生，严重制约了建平县农业的可持续发展。

　　为了提高广大农民的科技文化素质，适应现代农业生产的新要求，2019年初，建平县农业技术推广中心着手编制一本涵盖土肥、植保、栽培、农产品质量安全、农业政策等知识，以及主要农作物栽培技术规程、高产典型等的农业书籍，经过几年的资料整理和撰写，终成本书。本书以论述、简答为主要形式，总结经验、归纳典型、理论联系实践，希望能够成为全县乃至辽西地区农民学习应用农业科技、依靠科技致富的宝典。

因时间仓促，加之编者水平有限，疏漏之处在所难免，希望广大读者多提宝贵意见，我们将不断改正、完善。

编 者

2022 年 1 月

目录
CONTENTS

第一章 建平县种植业发展概况

建平县位于辽宁省西部，地处北纬41°19′～41°23′，东经119°14′～120°02′，总面积为4 865.75平方千米。属半湿润半干旱季风型大陆性气候，降水量适中，日照充足，四季分明。全年日照时数为2 894～2 950小时，全年平均气温7.6℃，有效积温3 100～3 357℃，无霜期126～150天，年平均降水量460毫米。土壤涵盖褐土、草甸土、风沙土3个土类，7个亚类，34个土属，57个土种。主栽作物为玉米、谷子、马铃薯、高粱、大豆、向日葵、烟草、甜菜、西瓜等，是国家商品粮生产基地、甜菜制糖生产基地、马铃薯生产基地、优质小杂粮生产基地。辖33个乡、镇、农场、街道，其中7个乡、17个镇、2个国营农场、7个街道，下设260个行政村，总人口60万人，其中农业人口50万，农村劳动力25.7万。

建平县土地总面积729万亩[*]，其中耕地面积276万亩，农作物种植面积265万亩，有林面积320万亩，草场面积110万亩，水浇地面积54万亩，森林覆盖率40%。全县粮食作物种植面积228万亩，粮食总产量常年达到10亿千克左右，主要种植玉米、谷子及小杂粮等粮食作物；经济作物的种植面积32万亩，主要种植马铃薯、甜菜、烤烟、向日葵、蔬菜。

---

* 亩为非法定计量单位，1亩≈667平方米。——编者注

近年来，建平县形成了以农业技术推广中心、设施农业中心为主导，以乡镇基层站为骨干，以农业科技示范户为补充的三级农技服务体系。全县农业、农机、果树、蔬菜等农业技术人员397名，其中正高级农技推广人员15名，副高级农技推广人员54名，中级农技推广人员231名，初级农技推广人员97名，承担全县农业技术推广工作。建平县农技推广部门研究出的一大批先进农业科技成果得到了应用和推广，尤其在粮食高产创建、测土配方施肥、蔬菜大棚病虫害综合防治、保护性耕作、旱作节水技术项目的研究和应用等方面走在全省乃至全国的前列。

　　近年来，建平县共有5个家庭农场被评为省级示范家庭农场，分别是建平县海洋种植业家庭农场、建平县沙海玉岭种植业家庭农场、建平县黑水镇瑞海龙都种植业家庭农场、建平县罗福沟翠芹家庭农场和建平县罗福沟乡祥宏家庭农场。

　　通过"全国粮油高产创建""东北地区玉米双增二百科技行动""玉米螟绿色防控技术""保护性耕作技术"等一批省部级项目的实施，建平县加大了农业新品种、新技术的推广力度，每年推广新品种32个以上，推广新技术20项以上，促进增产15%以上，使农作物良种覆盖面积达到100%。

　　通过全县农技人员的共同努力，建平县在设施农业、节水农业、耕地质量提升、农机、农产品质量安全与农产品加工等方面取得了长足进展。

一、设施农业方面

　　截至2020年，全县共有设施农业小区196个，日光温室9 805栋，总长度约92.4万延米，综合占地总面积4.1万亩。全县设施农业主要作物有西葫芦、黄瓜、番茄、葡萄等10余个品种。其中，西葫芦生产面积达1万亩，主要分布在小塘、三家、杨树岭、二十家子等乡镇，"亘绿"牌西葫芦商标成功注册，产品远销到北京、河北、内蒙古等地，成为东北最大的西葫芦生产基地；温室黄瓜、番茄也有一定比例，主要分布在八家农场、富山等乡镇；设施葡萄和瓜果综合占地 1 万亩，主要分布在深井、富山、朱碌科、热水、榆树林子等乡镇，"鑫赢澜"牌果蔬、深井镇的"神井"牌草莓、沙海镇的"东风泰"甜瓜远近闻名，成为建平县的特色设施品牌产品。

二、节水农业方面

借助全省发展 1 000 万亩节水滴灌农业工程的有利契机，建平县开始着力发展节水滴灌项目，截至 2020 年，全县节水滴灌总面积已达 56 万亩，其中粮食作物 51.2 万亩、经济作物 3.3 万亩、果树 1.5 万亩，有效灌溉面积逐年扩大，农业水资源利用效率大大提高，在严重伏旱的情况下，确保了粮食的稳产、增产。

三、耕地质量提升方面

经过几年的测土配方施肥工作，实现了测土配方施肥技术覆盖 276 万亩耕地，配方肥料施用量达到 2.8 万吨/年，平均每亩节肥 1.5 千克，每亩增产 45 千克，每亩增收 98.5 元，土壤养分更加平衡协调。同时开展以增施农家肥、商品有机肥、秸秆还田等为主要手段的土壤有机质提升项目，使土壤有机质年提高 0.05% 以上，土壤抗旱保墒能力显著增强，有效养分趋于平衡，低产田逐步向高产田转化。

四、农机方面

建平县农机总动力达到 66.28 万千瓦，拖拉机保有量 8 221 台，配套农具 16 595 台（套），粮食作物收获机械 237 台，农机总价值 6.95 亿元。2020 年春季完成机械整地面积 110 万亩，机械播种面积 182 万亩，机械深松 18 万亩，机械覆膜 85 万亩，机械秸秆还田 20 万亩。引进、推广玉米联合收获技术，谷子联合收获技术，玉米铺管覆膜穴播技术，谷子覆膜（下垄）穴播技术，玉米秸秆收集压块技术等 10 项农机新技术。

五、农产品质量安全与农产品加工方面

在建平县范围内，现有省级农产品质量安全监管员 8 名、市级 5 名、县级 82 名、乡级 266 名。在各乡镇建立农产品质量安全监管站，其中 10 个能达到省级验收标准。

全县拥有年销售收入 100 万元以上农产品加工企业 130 家，加工领域涉及粮食、马铃薯、中药材、甜菜、野山菇、葵花籽、蔬菜、水果等方面。规模以上（年销售收入在 500 万元以上）农产品加工企业 44 家，年实现销售收入 60 亿元，利税 7 亿元，带动县域内农户 12.5 万户就业。在这些农产品加工企业中，市级以上农业产业化重点龙头企业 37 家，其中省级农业产业化重点龙头企业 7 家，国家级农业产业化龙头企业 1 家。红旭杂粮、米业，安华糖业，绿龙雪花淀粉，丽佳有机杂粮等一批重点农事企业的产品，在上海、北京、江苏南京、天津、辽宁大连和沈阳等大中城市市场占有一席之地，农业产业化新格局初步形成。

第二章 建平县主要农作物生产技术

第一节 玉米丝黑穗病、瘤黑粉病、茎基腐病及其防治技术

玉米土传病害有丝黑穗病、瘤黑粉病、茎基腐病等，这些病害一旦发生对产量影响很大，因此在播种前就要做好预防工作。

一、病害特点及发病规律

（一）玉米丝黑穗病

玉米丝黑穗病，俗称"乌米"。该病自 1919 年在我国东北发现起，全国各玉米种植区都有不同程度发生，是玉米生产上重要的土传真菌病害。

1. 症状

玉米丝黑穗病属苗期侵入的系统性侵染病害。一般在成株期表现典型症状，主要危害雌穗和雄穗，一般年份发病率在 $2\%\sim8\%$，个别严重地块可达 $60\%\sim80\%$。

（1）苗期症状。幼苗分蘖增多呈丛生状，植株明显矮化，节间缩短，叶色暗绿；有的品种叶片上出现与叶脉平行的黄白色条斑；有的幼苗心叶皱卷在一起弯曲呈鞭状。

（2）成株期症状。分为两种类型，即黑穗型和变态畸形穗。

① 黑穗型。黑穗型主要发生于雌穗，受害雌穗较短，基部粗、

顶端尖，近似球型，不吐花丝，病穗苞叶内整个雌穗形成一黑包，初被灰白色包膜，后期成熟包膜破裂黑粉外散，残存混有寄主维管束的丝状组织。

② 变态畸形穗。雄穗和雌穗都可受害而畸形。雄穗花器变形而不形成雄蕊，颖片因受病菌刺激呈多叶状；雌穗颖片也可因病菌刺激而过度生长成管状长刺，呈刺猬头状，长刺基部略粗，顶端稍细，中央空松，长短不一，自穗基部向上丛生，导致整个果穗畸形。

2. 发病规律

散落在土壤中的致病菌一般可存活 3 年左右，有的可存活 7～8 年。土壤中的病菌孢子萌发后可直接侵入玉米幼芽，侵染的最佳时期是种子破口露出白尖到幼芽生长 1～1.5 厘米时期，因此，幼芽出土前是防止病菌侵染的关键阶段。

土壤冷凉、干燥有利于病菌侵染。土壤中越冬的菌量大，播种后遇低温时段，出苗慢，幼苗与病菌接触时间长有利于发病。播种时覆土厚度会直接影响幼苗出土速度，所以覆土过厚、保墒不好的地块发病率显著高于覆土浅、保墒好的地块。

丝黑穗病的侵染特点给防治带来了一定困难，同时也决定了该病的防治必须在春播前进行，否则一旦发病，无救治药剂，重则导致颗粒无收。

（二）玉米瘤黑粉病

玉米瘤黑粉病是玉米生产上的重要病害之一，主要是在玉米生长的各个时期形成菌瘿，影响玉米吸收营养正常生长发育，并且常造成空秆。一般大面积估产，减产率为病株率的 1/3。生产上一般病田病株率为 5%～10%，发病严重的可达 70%～80%，对产量影响很大。

1. 症状

玉米瘤黑粉病属局部侵染的病害，在玉米整个生育过程中可陆续发病，植株的气生根、茎、叶、叶鞘、腋芽、雄花及果穗等幼嫩组织均可被害。植株被侵染后，共性特点是受害部位的细胞组织急剧增生，体积增大，发育成瘿瘤。病瘤呈球形、棒形，单生、单串或叠生，生长很快，大小及形状差异较大。

（1）苗期症状。通常幼苗长到3～5片叶时即可显症，病苗茎叶扭曲畸形、矮缩，生长缓慢，近地面的茎基部产生小的病瘤，有的病瘤可沿幼茎串生。

（2）成株期症状。叶片上的病瘤多发生在叶片基部；有时叶鞘也可受到侵染发病，病瘤小而多，常串生。茎部病瘤由于生长迅速，消耗大量营养，严重影响玉米发育，因此导致空秆率较高。雄穗感病有时可变成两性花或生出雌穗，上结少数籽粒；雌穗受害后多在穗顶形成病瘤，一般仅部分小花受害长瘤，其他小花尚能正常结实，严重者整个果穗变成病瘤而不结实，病瘤一般较大，生长较快，常突破苞叶而外露。气生根被害后产生的病瘤馒头状，表面光滑，外膜破裂后散出黑粉。

玉米瘤黑粉病在雌穗上的症状易与丝黑穗病混淆，区别为瘤黑粉病的病瘤成熟前含汁液较多，而丝黑穗病的病处一般较为干燥；成熟并散出黑粉后，瘤黑粉病的病瘤呈块状、散碎少有残剩物质，而丝黑穗病残余大量的丝状维管束组织。

2. 发病规律

玉米瘤黑粉病的病菌可在土壤和病株残体及秸秆上越冬，病菌在土壤中可存活2年以上。春、夏季遇适宜的温湿条件，越冬的病菌可萌发，随风、雨、昆虫传播。如玉米抽雄前后，若遇阶段性生理干旱，植株抗病力下降，此时若再遇小雨或多露多雾，有利于病菌的萌发和侵染，则发病重；暴风雨或冰雹可造成植株出现伤口，为病菌提供侵入途径，会加重病情。栽培管理过程中植株过密、通风不良、氮肥过多、玉米植株幼嫩，以及虫害危害伤口多等，都有利于发病。玉米不同品种间抗病性差异明显。

（三）玉米茎基腐病

玉米茎基腐病又称青枯病，由多种病原菌引起，是各玉米产区普遍发生的一种重要土传病害，发病因子复杂，常在玉米灌浆阶段（即乳熟期）开始出现。一般年份发病率5％～10％，多雨年份发病严重，最高可达 80％以上。玉米茎基腐病严重影响籽粒千粒重，病株籽粒千粒重较健株减少 3.6％，严重的可减少 22.4％。目前已成为玉米生产上的主要病害。

二、防治建议

1. 选用抗病品种

根据各地不同病害发生程度选择抗病品种，是解决病害发生的主要途径。

2. 生长期间拔除病弱苗及症状明显的病株

对玉米丝黑穗病，在田间作业时，可以人工拔除形态不正常的病苗、弱苗、畸形苗，带出田外烧毁或深埋。

3. 药剂拌种

药剂拌种是防治玉米各种土传病害和苗期害虫最直接、最有效的方法。可用药剂如下。

（1）防治丝黑穗病、瘤黑粉病。使用含有福美双、三唑类的药剂。

（2）防治茎基腐病。使用精甲·咯菌腈和哈氏木霉菌等。

（3）防治地下害虫和苗期害虫。使用噻虫嗪和吡虫啉。

拌种时可根据所要防治的病虫选择不同药剂组合。也可使用以下组合：吡虫啉＋噻虫嗪＋精甲·咯菌精＋戊唑醇（烯唑醇、福美双等）。

特别提醒：春播前是预防玉米土传病虫害的最佳时期，要切实做好各种病虫的防治工作，以确保苗齐、苗壮，避免损失。使用药剂时，用药量要参照药剂使用说明书或经销商推荐用量，不得任意加大或减少药量，以免造成药害或降低防治效果。

第二节 玉米顶腐病及其防治技术

2000 年首次在建平县发现玉米顶腐病，据调查，近年来，该病在建平县玉米种植区已呈常发态势，已成为危害建平县玉米产业的主要病害之一。发病轻的地块病株率在 2%～5%，个别重病田发病率高达 60% 以上，许多地块因此造成毁种绝收。

一、症状及特点

玉米顶腐病可在玉米整个生长期侵染发病，表现出不同症状。

1. 苗期症状

表现为植株生长缓慢，叶片边缘失绿、呈现黄条斑，叶片畸形、皱缩或扭曲，重病植株枯萎或死亡；植株生长中后期，叶基部腐烂仅存主脉，中上部完整但多畸形，以后长出的新叶顶端腐烂，导致叶片短小、叶尖枯死或残缺不全，叶片边缘常出现似刀削状的缺刻和黄化条纹。

2. 成株期症状

植株出现不同程度矮化，顶部叶片也会出现短小、组织残缺或皱褶扭曲等现象。茎基部节间短，常有似虫蛀孔道状开裂，纵切面可见褐变。轻度感病者，植株后期可抽雄结穗，但雌穗小，多不结实。感病植株根系不发达，主根短、根毛多而细呈绒状，根冠腐烂褐变。

应注意的是该病某些症状特点与玉米生理病害、虫害及玉米丝黑穗病的苗期症状有相似之处，易于混淆。因此，在诊断识别和具体防治中要特别注意。

二、发病条件及规律

病菌主要以菌丝体在病株残体上越冬，翌年从植株的气孔、水孔或伤口侵入。玉米植株地上部均能被侵染发病。

长时间气候潮湿有利于发病，病菌分生孢子借助雨水传播可再行侵染发病。一旦条件适合，可引起该病的暴发流行，严重影响玉米产量。

不同田块间发病程度差异明显，低洼地、园田地发病重，山坡地和高岗地发病轻。玉米不同品种发病轻重不同，差异明显。

三、防治要点

1. 选用抗病品种

选用抗病品种是最经济有效的方法，各地可选择对玉米顶腐病抗性好的品种进行种植。

2. 药剂拌种

播种前用含有烯唑醇、戊唑醇、腈菌唑等药剂的种衣剂进行拌种，可预防该病发生。

3. 及时追肥

对上一年发病较重的地块要及早追肥；同时可喷施锌肥和植物生长调节剂，促苗早发，补充营养，提高抗病能力。

4. 拔除病弱苗

对发病严重且无恢复可能的病弱苗、畸形苗，可人工拔除，带出田外烧毁或深埋，减少田间病菌残留量。

5. 药剂防治

在出苗后，田间发现顶腐病病苗时（发病初期）用 6％低聚糖素水剂 1 500 倍液或 0.004％芸薹素内酯水剂 15 毫升/亩或 0.136％赤·吲乙·芸薹（碧护）可湿性粉剂 12 克/亩喷雾，在防治该病的同时对玉米还有一定增产作用。

第三节　谷子病虫害绿色高效防控集成技术

谷子病虫害绿色高效防控集成技术解决了因发生病虫害造成谷子减产、增收难的主要技术问题，同时，对于保证谷子产品质量安全、保护生态环境也具有重大现实意义。

一、核心技术

（一）改种子裸播为种子包衣处理

改变原来种子不经包衣直接播种的方式，播前对种子进行药剂包衣处理，药剂通过种皮渗透进入，促进种子萌发和幼苗生长，提高种苗活力和抗逆性，增强谷子抗病虫害能力。可有效防治地下害虫、苗期害虫、谷子白发病及黑穗病等土传和种传病害，解决了采用传统播种方式出现谷子出苗不好、缺苗断条，地下害虫和苗期害虫危害导致翻地毁种，粟叶甲防治困难，白发病和粒黑穗病发生后无法防治等一系列问题。

（二）改地表敞开式施药为地下封闭式施药

将传统喷施、撒施的敞开式施药技术改为地下封闭式施药技术，播前进行种子包衣，使药剂紧贴种子，随种子小范围隐蔽式施入土壤。从作物生长发育起点开始发挥药效，药力集中，农药利用率可以达到90%以上，比叶面喷施、撒毒饵等传统方法省工省药省时，对大气、土壤无污染，不伤天敌，可降低农药面源污染。符合"预防为主，综合防治"植保方针和"绿色植保"植保理念，有利于环境保护、综合防治和农产品质量安全。

（三）改单一种衣剂包衣为药剂复配组合包衣

将采用单一种衣剂防治病害或虫害改为将防病和防虫的种衣剂进行复配组合，一次性兼防病害和虫害。具体做法是用60%吡虫啉悬浮种衣剂＋40%萎莠灵·福美双悬浮种衣剂＋35%精甲霜灵种子处理乳剂或70%噻虫嗪可分散性种子处理剂＋70%吡虫啉可分散性种子处理剂＋6.25%咯菌腈·精甲霜灵悬浮种衣剂＋6%戊唑醇悬浮种衣剂，在播种前采取机械或手工方法对种子进行包衣处理。随着种子的萌动、发芽、出苗和生长，包衣剂中的有效成分逐渐被植株根系吸收并传导到幼苗植株各部位，使种子及幼苗对种子和土壤中携带的病菌及地下害虫、地上害虫起到防治作用。

（四）改分散防治为统防统治

传统的病虫害防治方式是一家一户分散防治，防治时间和防治用药不统一，防治效果差，"漏治一点，危害一片"和用药不当产生药害的现象经常出现。针对谷子白发病、粒黑穗病、地下害虫和苗期害虫的发生特点及防治要点，在播前采用种子包衣技术进行统一预防，可以大大提高防治效果，有效控制病虫害暴发成灾、降低农药使用量和用药次数及使用风险，有效保障农产品质量和农业生态环境安全。

（五）改化学防控为绿色防控

按照预防为主、综合防治的原则，以农药减量控害及非化学防控技术措施为主线，应用农业防治、物理防治、生物防治、高效低毒低残留农药化学防治、高效施药器械和施药技术相结合进行绿色防治病虫害。

1. 农业防治技术

贯彻"预防为主，综合防治"植保方针，改变传统病虫害发生后才进行防治的习惯。通过秋季深翻、合理施肥、轮作倒茬、选用抗病品种、拔除田间病株、清除田间地头杂草、利用害虫假死习性进行人工捕捉等一系列操作简单的农业防治措施，降低害虫越冬基数、减少田间病原菌、提高植株抗性、创造不利于病虫害发生的环境条件，以降低病虫害发生率、减少农药使用量、助力农业病虫害防控健康可持续发展。

2. 物理防治技术

杀虫灯诱杀成虫，杀虫灯设在村落或玉米田、谷田及高粱田周边，5月中旬开始、9月中旬结束，晚上开灯、白天关灯，设专人管理，及时刷掉灯网上的死虫，将接虫袋里的虫子倒出，保证杀虫灯正常使用，阴天或雨天不开灯，防止人、畜触电。

3. 生物防治技术

苏云金杆菌（Bt）制剂防治幼虫，在黏虫、玉米螟、棉铃虫幼虫时期，选用悬浮剂型的Bt制剂，用自走式高杆喷雾机、无人机等先进植保作业机械田间喷施进行防治。

4. 高效低毒低残留农药化学防治技术

在虫害发生程度达到防治指标时，科学选择最佳低毒、低残留的农药，如氯虫苯甲酰胺、阿维菌素等，对虫害进行防治，以降低虫害发生基数。

5. 高效施药器械和施药技术

大力推广高效施药器械和施药技术，选用车载式喷雾机、自走式喷杆喷雾机、无人机等高效植保机械，节约人力资源、减少用药量、提高农药利用率。

（六）改连作种植为轮作倒茬

谷子连作是土传病害加重、杂草增多和产量降低的主要原因，改变连作重茬种植方式，采用谷子-玉米、谷子-豆类、谷子-马铃薯、谷子-高粱等种植方式进行轮作，降低土壤病原菌数量、减少谷子伴生性杂草、均衡利用土壤养分，从而降低土传病害发生率、创造不利于虫害发生的田间环境，进而谷子长势好、抗逆性增强、产量提高。

（七）改传统施肥方式为一次性测土配方施肥

改变过去传统施用底肥＋苗期追肥两次施肥的习惯，根据谷子需肥规律和不同地块供肥能力，选用商品有机肥50千克和一次性谷子专用长效缓释肥40～50千克做底肥播种时一次性施入，后期不再追肥。施用商品有机肥可以逐年提高土壤有机质含量，改善土壤供肥保肥能力；施用长效缓释肥既可以满足谷子全生育期养分需要，提高肥料利用率，又可以节省化肥总用量和追肥人工；同时施用谷子专用长效缓释肥减少缺素症的发生，提高谷子综合抗病性。

二、配套技术

1. 深松整地，增施有机肥

具体做法是谷子收获后进行秋翻、秋整地，耙压保墒，机械深松深度达到30厘米以上，彻底打破犁底层，提高土壤通透性，同时，还可以机械杀死一部分在土壤中越冬的害虫。结合机械整地亩施腐熟优质农家肥2 500～3 000千克，提高土壤有机质含量，整地要做到土壤细碎无坷垃、无根茬、上虚下实，有利于播种出苗。

2. 选择高产优质品种

选择大穗、增产潜力大、品质好、抗性强的品种。适合建平地区的高产优质品种有张杂谷5号、辽谷4号、燕谷18、山西大粒红谷、毛毛谷、赤谷10号等。

3. 地膜覆盖

改变谷子裸地种植方式，采用幅宽 90 厘米，厚度 0.01 毫米的地膜，地膜覆盖具有保墒提温、改善土壤理化性状和提高土壤供肥保肥能力的作用，还能有效抑制病虫和杂草生长，缩短谷子生育期，为种植生育期较长的谷子品种提供了选择空间。试验证明，5～10 厘米耕层覆膜谷子含水量比裸地谷子高 1.7%～2.8%；墒情好的覆膜谷子地块春季可以保墒 40～50 天，而裸地种植的谷子只能维持 30 天左右。地膜覆盖栽培可有效促进谷子种子萌发出苗和幼苗生长，比裸地谷子早出苗 5～8 天，提早成熟 7～13 天。经测算覆膜谷子全生育期可增加膜内积温 240 ℃以上，可使膜内 5～10 厘米耕层温度提高 2～3 ℃，覆膜谷子耕层 0～5 厘米总孔隙度增加 9.66%，田间通气孔隙度增加 10.77%，覆膜后土壤微生物活性增强，减少了铵态氮的挥发损失，从而提高了肥料利用率和土壤保水保肥能力，是一项操作简单、抗旱增收的好技术。

4. 机械化精量穴播技术

采用谷子覆膜施肥播种机，一次性完成开沟、施肥、覆膜、播种、覆土镇压等作业，精量穴播可以节约用种量和间苗作业，省工省时省种，播种量 0.2～0.3 千克/亩，株距 10～15 厘米，每穴种植 4～5 粒，苗期免间苗，节省间苗劳动用工 1～2 人，降低了劳动强度，提高了谷子田间管理效率。谷子播种量也由原来的 0.4～0.5 千克/亩降低至 0.2～0.3 千克/亩，大大节约了种子用量和生产投入。经多年谷子覆膜机械穴播密度试验证明：穴播可实现谷子的合理密植，中后期谷子根系相互牵制形成"三足鼎立"，能有效防止倒伏，穴播谷子最适宜种植密度为 3 万～3.5 万株/亩，可实现最优产量及收益。

5. 适时晚播技术

播种过早，谷子出苗时间长，易受土传病害病原菌侵染，幼苗长势弱、抵抗力差、后期易发生病害。在耕层含水量 15%～17%、土温稳定在 10 ℃以上时播种，可以使谷子幼苗快速出土，苗齐苗壮，抗逆性明显增强。一般在 5 月上中旬进行播种。

第四节　高粱病虫害及其防治技术

近年来，建平县高粱种植面积年均 30 余万亩。目前，在建平县影响高粱生产的主要病虫害有高粱黑穗病、高粱茎腐病和高粱蚜虫等。

一、病虫害简介

1. 高粱黑穗病

高粱黑穗病，又称"乌米"，在我国各高粱产区均有发生，东北地区发病较重。病菌以冬孢子在土壤中或种子表面越冬，在土壤中可存活 3 年以上，病菌侵染高粱幼苗的最适时期是从种子破口露出白尖至幼芽生长到 1～1.5 厘米时，芽长超过 1.5 厘米后则不易侵染发病，所以幼芽出土前是主要感染阶段。此期间，土壤中病菌含量、土壤温湿度、播种深度、出苗快慢、品种抗病性等与高粱丝黑穗病发生程度密切相关。发病适温为 21～25 ℃，适宜土壤含水量为 18%～20%，土壤冷凉、干燥有利于病菌侵染发病。

2. 高粱茎腐病

高粱茎腐病又称青枯病，是世界各高粱产区普遍发生的一种重要土传病害。病菌借机械伤害、虫害及其他原因伤害造成的伤口侵入高粱的根部和茎部。在田间，从高粱开花到乳熟阶段，遇高温干旱后随之出现低温、潮湿的天气条件则发病严重。发病田一般减产 5%～10%，个别严重地块甚至绝收。

3. 高粱蚜虫

高粱蚜发生世代短，繁殖快，在建平县每年可繁殖 16～20 代。高粱整个生育期均可受到高粱蚜危害，以成蚜、若蚜聚集在高粱叶背刺吸植株汁液。初发期多在下部叶片危害，逐渐向上部叶片散开。叶背布满虫体，并分泌大量蜜露，滴落在叶面和茎秆上，油亮发光，故称"起油株"。叶片受蚜虫危害后变红、枯黄，小花败育，穗小粒少，产量与品质下降。此外，蚜虫还可传播高粱矮花叶病毒，对产量影响更大。

在高粱上主要发生两种蚜虫：高粱蚜和玉米蚜。高粱蚜主要发生在叶片背面，由下向上扩展；而玉米蚜主要在心叶或穗部刺吸危害。

二、防治措施

1. 选用抗病、抗虫品种

各地可根据当地病虫发生情况，种植适宜的抗性品种。

2. 适时播种、浅播种、不要覆土过厚

适时播种，促使幼苗早出土，减少病菌侵染，以降低高粱黑穗病的发生。浅播种、不要覆土过厚，以 5 厘米地温稳定在 15 ℃以上为宜。

3. 药剂防治

防治黑穗病，常用戊唑醇、烯唑醇、腈菌唑、三唑酮、福美双等药剂。防治茎腐病，常用精甲·咯菌腈。防治高粱蚜，常用吡虫啉和噻虫嗪。

选择含有上述药剂的种衣剂进行复配包衣，可有效防治黑穗病和减轻高粱蚜虫的危害。使用噻虫嗪包衣，在墒情差的情况下，效果不受太大影响，对种子安全，对作物有明显刺激生长的作用。处理后的种子，苗齐、苗壮、叶色浓绿。

复配组合为噻虫嗪＋吡虫啉＋咯菌腈＋戊唑醇（福美双、烯唑醇）。

特别提醒：上述药剂在使用时不得任意加大或减少药量，以免造成药害或降低防治效果。

第五节　黏虫综合防治技术

黏虫是一种具有迁飞性、暴食性的农作物害虫，在建平县发生两代，即 2 代和 3 代。2 代黏虫发生在 6 月中下旬、3 代发生在 8 月上中旬。

针对黏虫繁殖速度快、短期内暴发成灾、3龄后食量暴增、抗药性增强等特性，应采取控制成虫、减少产卵量、抓住幼虫3龄暴食危害前的关键防治时期、集中连片普治重发区、隔离防治局部高密度区、控制重发生田幼虫转移危害、密切监测一般发生区、对超过防治指标的点片及时挑治的策略对其进行防治。

一、综合防治技术措施

（一）防治成虫、降低卵量

利用黏虫成虫产卵习性及趋光、趋化性，采用草把、糖醋液、杀虫灯等诱杀成虫，以减少成虫产卵量，降低田间虫口密度。

1. 草把诱卵

捆扎3根50厘米长的草把，每亩插60～100个，5天换1次，将换下的草把集中烧毁或深埋，减少田间落卵量。

2. 糖醋液诱杀成虫

用红糖350克、白酒150克、醋500克、水250克、外加90%敌百虫晶体15克，制成糖醋诱杀液，放在田间1米高的地方诱杀成虫。

3. 杀虫灯诱杀成虫

在成虫发生期，于田间安置频振式杀虫灯，灯间距120米左右，晚8点至早5点开灯，诱杀成虫。

（二）防治幼虫、减轻危害

防治指标：2代黏虫，在6月中旬前后，当谷子、黍子田间虫口密度达到10头/米垄，玉米、高粱等高秆作物田0.3头/株时开始防治；3代黏虫，在8月上旬前，当谷子、黍子田间虫口密度达15头/米垄，玉米、高粱等高秆作物田0.5头/株时开始防治。

1. 低龄幼虫防治

1～3龄时的低龄幼虫，可用生物制剂苏云金杆菌和高效低毒90%敌百虫晶体（高粱田禁用）等药剂进行防治，效果较好。

2. 高龄幼虫防治

3龄以上的幼虫，可用4.5%高效氯氰菊酯乳油2 000倍液或

10％吡虫啉可湿性粉剂2 000倍液或5％溴氰菊酯乳油1 000～1 500倍液喷雾防治。

防治遗漏地块及防治偏晚幼虫进入大龄期时，抗药性增强，单一药剂很难进行有效防治，必须用马·氰乳油、阿维·高氯、阿维·三唑磷、阿维·毒死蜱等2种农药以上复配制剂进行防治。

二、注意事项

施药时间应选晴天9：00以前或16：00以后，若遇雨天应及时补喷。喷雾要均匀周到，田间地头、路边及沟渠旁都要喷到。若虫龄较大要适当加大用药量，虫量特别大的地块，可以先拍打植株将黏虫抖落到地面，再向地面喷药，可得到良好的效果。对侵入到玉米雌穗的黏虫可采用涂抹内吸性药液的方法防治。施药机械可采用自走式高秆作物喷雾机、风送式喷雾机或烟雾机喷雾。避开中午高温时段喷药，喷雾时要穿好防护服，戴好口罩、手套等防护装备，以免发生农药中毒事故。

三、建封锁带，防止转移

在黏虫迁移危害时，可在其转移的道路上撒15厘米宽的药带进行封锁，或在发生虫害的玉米田周围，每亩用40％辛硫磷乳油75～100克，加适量水，拌沙土30千克制成毒土撒施进行隔离。

第六节　西瓜绿斑驳病毒病及其防控技术

西瓜绿斑驳病毒病是葫芦科作物上的毁灭性病害，具有高致病性、传播快、防治难等特点。其病原也是我国入境三类危险性有害生物，主要危害西瓜、黄瓜等葫芦科植物，生存能力较强，对寄主破坏性大。分布在日本、韩国、印度、英国等亚洲和欧洲地区。1989年在韩国被发现，1995年严重发生，造成西瓜"倒瓤子"，也称为血果肉，严重影响西瓜的产量和品质。2006年4月，在辽宁省营口市盖州市太阳升办事处大赛村西瓜上出现，造成了惨重的经济损失。

一、症状识别

塑料大棚和小拱棚栽培的西瓜从嫁接后 10～15 天开始表现症状（4月中下旬），露地栽培的嫁接苗从 5 月下旬至 6 月上旬开始发病，叶片出现不规则的淡绿色至黄色褪绿斑点，呈花叶状，绿色部位突出表面，叶缘向上翻卷，叶片略微变细。危害严重时叶片绿色部分隆起，呈黄绿色花叶症状，叶面凹凸不平，叶片明显硬化，重症植株整株黄变，易于分辨。花叶症状在老叶上及成熟叶上不很明显。生长初期感染的病株，蔓生长不良，植株生长不繁茂。

果梗部常出现褐色坏死斑。果实表面的症状不明显，有时果面长出不明显的深绿色瘤疱。与健果相比，病果有弹性，拍击时声音明显发钝。

果皮与果肉之间出现油渍状深色病变，而种子周围形成暗紫色油渍状空洞。果实中心纤维变为深色，向果肉内部条状聚集，严重时变色部位软化溶解，呈脱落状。

黄瓜、甜瓜、葫芦和曼陀罗感染西瓜绿斑驳病毒后叶片上出现色斑，植株矮化，果实上出现严重的色斑且变形，产量降低。

二、传播途径

该病病毒通过多种方式传播，包括种子、植物间接触，农事操作，汁液、病残体及含病残体的土壤传播，啮齿动物（如兔子、小鼠等）的粪便、用作肥料的牛粪传播，栽培营养液、河水、灌溉水传播，被污染的包装容器传播。其中带毒种子是远距离传播的主要途径，接触性传染是近距离传播的主要途径。

三、综合防治措施

该病目前没有较好的防治方法，主要采取以预防为主的综合防治措施。

经销单位在进种时，一定要选择正规种子公司出售的种子，并向对方提出检疫要求，附具检疫证书。

农民朋友在购买种子时，请选择正规经销单位出售的带有包装的种子，并查看是否有检疫证书，以经过消毒的种子为好，发病率低，不要购买散装种子。同时，要保留好种子包装、质量说明书、购种发票等。

1. 选用抗病品种

不能随便引种，更不能从病区引种和从病地采种，选用无病砧木和西瓜种子是防治该病的重要措施。

2. 用无病土育苗

选择远离瓜类作物种植区的土质肥沃的地块取育苗土，并对育苗土及粪肥进行消毒。

3. 农事操作防止病毒传播

进行西瓜苗嫁接操作时，应注意对用具和手进行消毒处理，对用于切割的刀具每嫁接一次或切割一株后，都要用75％的酒精进行消毒，防止交叉感染。同时，在移栽、绑蔓、打杈等农事操作中，应避免碰伤植株，防止人为传播。可在植株可能受伤的部位喷洒0.2％～0.5％的脱脂奶粉，喷后立即进行绑蔓、打杈等农事操作，这样能有效降低病毒传染概率，减少发病。

4. 加强田间管理，做好卫生栽培

田间灌溉应采用滴灌技术，避免大水漫灌，可较好地防止田间病毒的传播。瓜田中发现病株应立即挖出，带出田间深埋或焚烧处理，并对病株处土壤撒入石灰进行消毒。要注意棚室和田园卫生，及时清理病株落叶，并进行深埋或焚烧处理。

5. 合理轮作倒茬，避免连作

种植陆地西瓜或棚室西瓜要与非葫芦科植物，如茄子、辣椒、番茄、白菜、菜豆、生姜、花卉等进行2～3年的轮作倒茬，可有效防治该病害发生。

6. 药剂防治

药剂防治病毒病并不是理想的方法，只能作为辅助的防病措施在西瓜病毒病发病初期用 2％宁南霉素水剂 200 倍液喷雾，20％病毒 A 粉剂 500 倍液喷雾，1.5％植病灵水剂 1 000 倍液喷雾，40％病毒灵可溶性粉剂 1 000 倍液喷雾，菌毒速克稀释 1 600 倍液喷雾，病毒必克稀释 500 倍液喷雾，攻毒稀释 700 倍液喷雾，灭菌成稀释 1 000 倍液喷雾，三氮唑核苷·铜稀释 800 倍液喷雾。

第七节　玉米创高产集成配套栽培技术

玉米是建平县第一大粮食作物，常年种植面积在 130 万亩以上，平均单产在 540 千克左右，平均单产水平比全国高 10％以上，玉米产量的高低将直接影响建平县粮食的总产量。为了促进建平县玉米高产高效种植，以地膜覆盖、膜下滴灌为主推技术，集大垄双行缩距增株栽培、机械精量播种、合理密植、测土配方施肥、水肥一体化管理、病虫草害综合防治、机械化收获等技术于一体，全面提升科技含量，充分挖掘玉米单产潜力，最终实现粮食增产、农民增收、社会增效。

一、机械深松整地

选择地势平坦、土层深厚、土质疏松、肥力中上、土壤理化性状良好、保水保肥能力强的旱地、缓坡地等，播种前要进行机械深翻整地（最好是秋翻地、秋整地），机械深松深度必须达到 25～30 厘米，彻底打破犁底层。做到上虚下实无根茬、地面平整无坷垃，为覆膜、播种创造良好的土壤条件。

二、选择高产耐密品种

（一）品种选择

根据不同生态区域气候条件和栽培条件，选择高产、优质、抗性强的耐密型优良品种。如地膜覆盖应选择比裸地栽培生育期长7～10 天，有效积温多 150～200 ℃的品种。可选品种有辽单 565、联达 99、先玉 508、东单 6531、良玉 88、良玉 66、东裕 108、哲单 39、哲单 41 等。

（二）种子处理

选择包衣种子，种子包衣是预防玉米丝黑穗病发生的有效方法。对未包衣的种子，播前要进行精选，剔除破粒、病斑粒、虫蚀粒及其他杂质，精选后种子要求纯度 99％以上、净度 98％以上、发芽率 95％以上、含水量不高于 14％，种子精选后选择适宜的复合型种衣剂拌种，主要防治地下害虫、玉米丝黑穗病、玉米顶腐病等病虫害。

三、机械精量播种

采取机械化播种、大小垄种植，当土壤耕层 10 厘米温度达到 8～10℃时（即 4 月下旬至 5 月上旬）播种，建平地区在 4 月 25 日至 5 月 5 日播种为宜。选用适宜的机械，按规定的播种密度、播种深度，在短时间内完成播种任务。做到播种深浅一致，不漏播、不重播，减少空穴，做到行直、行距准确均匀。机械化播种，一般亩播量 2～3 千克，播种深度为 3～5 厘米。

大小垄种植技术（大垄宽 70～80 厘米、小垄宽 40 厘米）通过横向加宽而纵向加密，最大限度改善田间通风透光条件，通过边行效应提高玉米光合生产能力，增加玉米产量。种植密度根据品种特征特性和当地生产条件因地制宜将现有品种普遍增加 500～1 000 株/亩。如每亩保苗 4 000 株，株（穴）距一般为 30～28 厘米；如每亩保苗为 4 500 株，株（穴）距一般为 27～25 厘米。

膜下滴灌机械铺滴灌带应选择 110～120 厘米（大垄宽 70～80 厘米、小垄宽 40 厘米）的带型。选择适合当地的集机械施肥、机械铺滴灌带、机械覆膜、机械喷除草剂、机械打孔播种等技术于一体的机器。

四、科学配方施肥

坚持有机肥和无机肥并重，氮、磷、钾及微肥密切配合的原则，配方施肥、以产定肥。磷肥、钾肥、锌肥可以结合耕翻或播种

（种、肥隔离，穴施或条施）一次性施入。如膜下滴灌尿素用施肥罐随滴灌带施入，应选择长效缓释尿素。

（一）总体原则

本着施肥效果与施肥成本并重的理念，依据土壤特性，确定膜下滴灌区玉米施肥总体原则，即沙壤追肥两次、壤土追肥一次、黏壤一次性施肥，老哈河流域减量施肥、蹦河流域略增、凌河流域施肥量不变。

（二）确定原则依据

1. 土壤性质依据

（1）沙壤。土壤沙性大，土质松散，粗粒多，毛管性能差，肥水易流失，潜在养分低，通气性好。因此沙壤施肥应"少食多餐"，增加施肥次数，满足不同时期需肥。

（2）壤土。通气性、保蓄性较好，潜在养分含量介于沙壤和黏壤之间，适合各类作物生长。因此，壤土施肥应将长效肥料与速效肥料结合，及时满足作物不同时期需肥。

（3）黏壤。黏着力大、保水性强、通气性差、肥效慢。由于肥效较慢，因此黏壤追施化肥要提早，采用"多量少次"的方法，适当减少施肥次数。

2. 施肥方式及依据

建平县老哈河流域水源充沛，施肥量过大，肥料利用率很低，实施膜下滴灌后节水保肥性能明显增强，施肥量应每亩调低3~5千克。蹦河流域水资源较少，农户"观天施肥"的居多，肥料施用量不大，因此实施膜下滴灌以后，水源条件改善，可适当每亩增加2~3千克肥料。凌河流域降水颇多，施肥量适中，实施膜下滴灌以后，肥水条件进一步优化，保持原有的施肥量，可以获得更高的产量。

（三）施肥量及施肥方法细则

1. 沙壤

底肥配方15-23-10、15-18-12、15-15-15，每亩用量为28~32千克。追肥选用尿素，拔节期前追第一次，每亩用量为

20～25 千克；大喇叭口期追第二次，每亩用量为 15～18 千克。

2. 壤土

底肥配方 15 - 23 - 10、15 - 18 - 12、15 - 15 - 15，每亩用量为 30～35 千克。追肥选用尿素，拔节期追肥，每亩用量为 25～30 千克。

3. 黏壤

黏壤采用一次性施肥的方法，底肥选用长效复合肥，肥料配方为 28 - 12 - 10、30 - 12 - 10、32 - 10 - 8，每亩施肥量为 40～45 千克，不追肥。

由于不同地块间的土壤性质存在差异，所以对沙土、壤土、黏壤给出的施肥量有一个范围，具体实施地块的施肥量要因地调整。

五、病虫草害综合防治

（一）防治地下害虫

1. 深耕细作，清除根茬

作物播前深耕、耙磨、精耕细作，通过机械作用可杀伤害虫。

2. 拌种

用 20％福·克种衣剂 400 克拌玉米种子 20 千克，播种前搅拌均匀，晾干后播种。也可用 50％辛硫磷乳油 50 毫升加水 2～2.5 千克，拌玉米种子 25～30 千克，拌匀后闷种 3～4 小时后，摊开置于阴凉处至 7 成干即可播种，拌种应遮光进行。

3. 撒毒土

每亩用 50％辛硫磷毒土（药、水、土比为 1∶1∶500）10～12.5 千克，均匀撒于播种沟内。用 3％辛硫磷颗粒剂 4 千克与细沙土混合后条施，防治地下害虫。

4. 灌根

作物出苗后遭地下害虫危害，可用 90％敌百虫晶体 1 000～1 500 倍液（高粱田禁用），或 50％辛硫磷乳油 300～500 毫升兑水 200～250 千克灌根，在离根部 5～10 厘米处刨一小坑，灌 100 克药液后盖土。

（二）播前预防玉米顶腐病

1. 选用抗病品种

各地可选择种植对玉米顶腐病抗性好的品种。

2. 药剂拌种

可结合防治玉米黑穗病进行。播种前用 25％三唑酮可湿性粉剂按种子重量 0.2％拌种，10％腈菌唑可湿性粉剂 150～180 克拌种 100 千克，或用含有上述两种药剂及含有戊唑醇药剂的种衣剂进行拌种，均有一定的防病效果。

3. 拔除病弱苗

玉米顶腐病在苗期即可表现出症状，在进行田间作业时，可以人工拔除形态不正常的病苗、弱苗、畸形苗，带出田外烧毁或深埋。

4. 及时追肥

对上一年发病较重的地块要及早追肥，同时可叶面喷施锌肥和生长调节剂，促苗早发，补充营养，提高抗病能力。

5. 药剂防治

发病初期可选用 25％戊唑醇乳油 3 000～3 500 倍液，或用 12.5％腈菌唑乳油 2 000～3 000 倍液，或 20％三唑酮乳油每亩 40～60 克兑水 30～45 千克喷雾，进行保护性预防。

（三）播前预防玉米丝黑穗病

1. 选择抗病品种

选择对玉米丝黑穗病抗性好的品种，实行三年以上轮作。

2. 适时播种

适时播种、浅播种、不要覆土过厚，促使幼苗早出土，减少病菌侵染。

3. 及时处理病株

在植株孕穗后散黑粉前拔除病株，带到田外烧毁。在玉米黑粉瘤未变色之前将其割除，带出田外处理。

4. 药剂拌种

药剂拌种是防治禾谷类丝黑穗病最直接和有效的方法，可结合预防玉米顶腐病进行。用戊唑醇拌种可有效防治禾本科作物的土传及种传病害。使用剂量：玉米、高粱每 10 千克用 2% 戊唑醇干拌剂 30 克，发病重地块用 40～50 克。拌种方法：用水或米汤 150～200 克，将药剂搅成糊状倒入种子中搅拌均匀，阴干后播种。也可用含有三唑酮或戊唑醇的复配种衣剂进行包衣，可兼治地下害虫。

（四）化学除草

在玉米播种后将除草剂喷洒于土壤表面，一般用 50% 莠去津乳油 200～250 毫升或 50% 乙草胺乳油 200～250 毫升或 72% 异丙甲草胺乳油 200 毫升或 40% 乙莠水悬浮剂（乙草胺·莠去津合剂）、42% 异丙·莠悬浮剂（异丙甲草胺·莠去津合剂）兑水 40～60 千克进行喷雾。

（五）防治苗期害虫

以防治黑绒金龟、蒙古灰象甲为主。

1. 撒施毒土

每亩用 50% 辛硫磷乳油或 90% 敌百虫晶体 100 克兑水 0.5 千克混过筛细土 20 千克，顺垄撒施在苗根附近。

2. 诱杀

用切碎的鲜嫩菜叶或杨、榆树叶混入炒熟的细玉米渣、秕谷子中，将 90% 敌百虫晶体 500 倍液或 80% 敌敌畏乳油 1 000 倍液倒入其中搅拌均匀，于 16:00 后，害虫出土活动取食时，成堆撒在作物苗根部附近。

3. 药剂防治

在危害高峰期，用 20% 速灭杀丁（氰戊菊酯）乳油 2 000 倍液、48% 毒死蜱乳油 1 000 倍液、30% 高氯·马乳油 1 200 倍液或 5% 甲氨基阿维菌素苯甲酸盐·毒死蜱 4 000～5 000 倍液在早晨或傍晚害虫取食活动期进行喷雾防治。

（六）防治玉米螟

1. 处理秸秆

收获后及时处理玉米、高粱的秸秆、根茬、穗轴等幼虫越冬寄主，降低虫源越冬基数，从而减轻下一年玉米螟的发生程度。

2. 灯光诱杀成虫

有条件的地方可在田间设置频振式杀虫灯或高压汞灯诱杀成虫。

3. 赤眼蜂防螟

当田间玉米百株卵量达 1～2 块时放蜂，每亩设 4～5 个放蜂点，隔 5～7 天再放第二次，每亩总放蜂量 1.5 万～2 万头（每亩投放蜂卡 4～5 块），将蜂卡别在玉米植株中部叶片的背面。

4. 心叶末期投药

于玉米大喇叭口期投撒苏云金杆菌（Bt）或白僵菌颗粒剂。每亩用 Bt 乳剂 200～250 克或白僵菌 250 克，拌 5 千克细沙制成颗粒剂，在玉米心叶末期投入心叶中。

（七）防治玉米蚜虫和叶螨

1. 高温期适时灌溉

在高温时期依据实际情况进行灌溉，增加玉米田相对湿度，抑制蚜虫和叶螨繁殖。

2. 加强田间监测，于点片发生阶段防治

蚜虫可用吡虫啉、啶虫脒等药剂防治。叶螨可用 40％菊·马（氰戊·马拉松）乳油 2 000～3 000 倍液，1.8％阿维菌素乳油 3 000～5 000 倍液或 20％双甲脒乳油 1 000～1 500 倍液喷雾防治。

六、田间管理

（一）苗期管理

主攻目标是根深、根多、苗齐、苗壮。查苗、补苗、定苗，及时放苗，防止烧苗，确保全苗。3～5 叶期定苗，去弱苗、留壮苗，如果发现缺苗，要借垵留苗，就近留双株。

（二）穗期管理

主攻目标为秆壮、穗大、粒多。

（三）适时适量追肥

（四）适时灌溉

看天、看地、看苗情，根据天气变化、土壤水分、植株表现决定浇水时间和灌水量。

1. 底墒水

建平县春季干旱少雨，风多风大，土壤失水较多，绝大多数年份播种期耕层内土壤含水量低于种子发芽的水分要求。提供种子发芽到出苗的适宜土壤水分是苗全苗壮的关键，因此，应确保在播种前水分状况适宜，灌水量以 25～30 米^3/亩为宜。如播后灌溉应严格掌握灌水量，不要过多，以免造成土温过低影响出苗。

2. 育苗水

玉米苗期的需水量并不多，土壤含水量占田间水量 60％为宜，低于 60％必须进行苗期灌溉，灌水定额 15～20 米^3/亩。地膜覆盖的玉米底墒足，苗期也可不灌水，通过控制灌水进行蹲苗，可使植株基部节间短、发根多，增强后期抗旱抗倒伏能力，为增产打下良好基础。

蹲苗一般于苗后开始至拔节前结束，持续时间约一个月，是否需灌水，应根据品种类型、苗情、土壤墒情等灵活掌握。蹲苗期间中午打绺，傍晚又能展开的地块不急于灌水。如果傍晚叶子不能复原，应灌一次保苗水。

3. 孕穗水

玉米出苗 35 天左右即开始拔节。拔节孕穗期植株生长迅猛，这个时期气温高，植株叶面蒸腾剧烈，土壤水分供应要充足，若缺水会导致植株发育不良，影响幼穗的正常分化。甚至雌穗不能形成果穗，因空秆雄穗不能抽出，带来严重减产。这期间土壤水分低至田间持水量的 65％以下就应及时灌发育水，使植株根系生长良好，茎秆粗壮，有利于幼穗分化发育，从而形成大穗，拔节初期灌溉时，灌水应控制在 20～30 米^3/亩为宜。

4. 灌浆水

抽穗开花期是作物生理需水高峰期，也是建平县降水较集中的时期，天然降水与作物需水大致相当，但这个时期应特别注意缺水现象，发现缺水要及时补充灌溉。根据实践总结和研究表明，灌浆期进入籽粒中的养分，不缺水比缺水的可多2倍以上。

5. 灌水时间的判断

掌握灌水时间，使作物充分利用天然降水，是节水减能高产丰收的关键环节。为使作物不致因缺水受旱而减产，应在缺水之前适时补充灌水。

一看天。根据季节、降水、天气等情况确定是否进行灌水。春季降水少、风多、空气干燥、底墒不足需要灌溉。在炎热季节，气温高、空气干燥、田间水分蒸发快，一般有15～20天不降透水，作物就需要灌水。作物生育后期，有时从生理上看并不缺水，但是为了预防霜冻等灾害也应及时灌水。

二看土。在没有仪器设备的情况下，很难直观掌握不同类型土壤湿润程度。当土层内的土壤攥后放开成团为湿润，攥后松开就散裂的视为干旱，应进行灌水。

三看苗。是否需要灌溉主要看作物生长状况，以作物的发育状况为主要依据。当作物缺水时幼嫩的茎叶会因水分供给不上而枯萎，植株生长速度明显放缓，出现上述现象时要及时灌水。当叶片发生变化，中午高温打绺，傍晚不能完全展开时也应及时灌水。

6. 灌水次数

根据不同年份水文情况而定（实际情况）。一般中旱年份（70%频率年）可灌4次水，主要在拔节、孕穗、抽雄、灌浆期灌水；大旱年（90%频率年）应灌5次水，分别在苗期、拔节、孕穗、抽雄、灌浆期灌水。

七、适时晚收

推广应用玉米适时晚收技术，于10月5日以后收获。使玉米充分成熟，从而提高玉米产量和品质。根据实际需求选用根茬还田型、秸秆回收型自走式玉米联合收割机收获。

如地膜覆盖，收获后及时收回残膜及滴灌管，及时深松整地，清除残膜，减少残膜污染。

高产典型

建平县"玉米超高产田"亩产突破 1 300 千克

——记建平县黑水镇东台村种粮大户孟广学

2019 年，建平县承担了"辽宁春玉米粳稻密植抗逆丰产增效关键技术研究与示范项目"的"春玉米高产群体创建技术集成与示范课题春玉米超高产群体创建研究子课题"，根据项目要求及建平县农业生产实际，地块落实在建平县黑水镇东台村。种粮大户孟广学集中连片种植 125.6 亩耐密高产玉米新品种辽单 575。秋季经农业农村部专家组实际测产，平均亩产高达 1 347.30 千克。

其具体做法如下。

1. 机械深松、精细整地

4 月 15 日前集中连片的 125.6 亩地全部进行机械深松整地，深松深度达到 30~35 厘米，彻底打破犁底层。

2. 提高地力、增施有机肥

随旋耕耙地每亩施入腐熟优质农家肥（鸡粪肥）3 000 千克，努力提高土壤有机质含量，确保实现目标产量。

3. 种植耐密型玉米新品种

孟广学以增加玉米种植密度为前提，选择种植抗旱、耐密、高产、优质的玉米新品种辽单 575，每亩保苗 5 000~5 600 株。播前严格精选种子，并拌好铅粉，保障播种器下种顺畅，确保一次保全苗。

4. 机械精量播种、创新栽培模式

孟广学采用集开沟、施肥、播种、喷除草剂、铺滴灌带、覆膜等一次性完成播种作业于一体的机械。于 5 月 8 日播种，大垄双行膜下滴灌种植，大行距 60~70 厘米，小行距 40 厘米，株距 25 厘米，总体形成宽窄行。同时还创新了一种玉米"品"字形栽培新方法，大垄双行种植（只铺设滴灌带，不覆膜），大行距 80 厘米，小行距 40 厘米，穴距 80 厘米，每穴保苗 4～5 株，这样更有利于通风透光。

5. 测土配方施肥

根据目标产量和土壤供肥性能进行配方施肥，随播种每亩施玉米长效缓控释肥 50 千克（总养分含量≥48%，N：P_2O_5：K_2O＝26：10：12），于两小垄中间开沟一次性施入，磷酸二铵或硫酸钾型复合肥 15 千克做口肥施入。

6. 查田补苗

出苗后及时查田补苗；当玉米长到 4～5 片叶及时间苗、定苗。发现缺苗，及时移栽补苗，或借墒留苗。确保苗齐、苗全、苗壮。

7. 加强肥水管理

在保证玉米出苗水基础上，分别在玉米苗期、拔节期、大喇叭口期、扬花吐丝期、灌浆期滴灌水 1 次，共计滴灌 6 次水。在玉米大喇叭口期随滴灌每亩施入尿素 15 千克，抽雄开花期随滴灌每亩施入尿素 10 千克，以确保目标产量实现。同时在玉米苗期、大喇叭口期喷施磷酸二氢钾叶面肥 2 次。在玉米 7～8 叶期喷施吨田宝或矮丰增产剂 1 次，可有效控制植株徒长，防止倒伏。

8. 病虫害统防统治

种子全部进行包衣，同时根据病虫预测预报，在玉米大喇叭口期用 4.5% 高效氯氰菊酯乳油 2 000 倍液喷雾防治一代玉米螟；8 月 8 日，利用无人机投放赤眼蜂蜂球防控二代玉米螟。

9. 人工辅助授粉

在玉米扬花吐丝期进行人工辅助授粉，防止秃尖和空秆。

10. 防早霜

根据天气预报及土壤墒情，在早霜来临前一周浇透水防早霜。

11. 适时晚收

待玉米充分成熟，于 10 月 15 日后机械收获。

第八节　玉米节水滴灌操作技术

一、播前准备

（一）整地

1. 整地时间

整地尽量在上一年的秋收后至封冻前完成，时间控制在 10 月 15 日至 11 月 20 日。未完成部分务必在当年播种前 10 天完成，时间控制在 3 月 20 日至 4 月 15 日。

2. 地表清理

清除耕地表面影响作业质量的残膜、残根、残株、石块等地表残留物。

3. 标示障碍物

将电杆及拉线、水井、石堆等地块内永久障碍物做出明显标志，清除其他临时性障碍物。

4. 施足基肥

每亩施入腐熟的农家肥 2～3 米^3，旋耕前平铺于耕地表面。

5. 深松深翻

采用深松机械进行土壤深松，深度保持在 30～35 厘米；然后利用旋耕机械整平耙细，达到无垡块、根茬。

6. 修整地头

深松深翻后，平整好地头、渠埂及田间入口处，保证机组进地和地头转弯顺畅。

（二）机具选择与调试

1. 机具选择

选用在东北地区使用良好的、大厂家生产的、符合国家行业标准的滴灌铺管覆膜播种机，集开沟、施肥、播种、除草、铺管、覆膜等功能于一体，日播种能力在 30 亩以上。

2. 机手要求

每台播种机配备一名驾驶员，驾驶员必须持有有效的驾驶证件，并经过作业技术培训，取得相应的资格证书，熟悉机械的构造，掌握机械使用、保养、调整和排除故障的技能，能熟练操作和维修滴灌铺管覆膜播种机，确保在适宜播期内完成播种。

3. 机具调试

播种前，在地头选择小面积（一般为 20～50 米^2）耕地进行机具的调试，使播种机的各项技术指标达到辽宁省《玉米滴灌铺管铺膜播种机械作业技术规程》要求，播种深度 3～5 厘米、覆土厚度 6～8 厘米、穴粒数合格率大于 85％、空穴率小于 4％、种子破损率小于 0.5％、同一播幅内与规定行距偏差不小于 10 毫米、播幅间连接行距偏差小于 50 毫米，做到地头整齐，无漏播、重播现象。膜孔全覆土率、膜边覆土厚度合格率、膜边覆土宽度合格率均达到 95％以上。

（三）滴灌管带和地膜的选择

1. 滴灌带选择

选择正规厂家生产的符合塑料节水滴灌器材国家行业标准的滴灌管带，滴孔距离为 25～30 厘米，铺设后确保平整，无破损、打折、打结和扭曲，保证不影响覆膜质量。

2. 地膜选择

概括为厚、宽、抗拉、科学选择颜色、加强残膜回收。

厚：厚度≥0.01 毫米。

宽：幅宽为 80～90 厘米。

抗拉：纵向抗拉力强，不易断裂。

科学选择颜色：黑色地膜可防晒裂、防杂草、防鸟啄（"三防"），适应播种相对较晚的地区。白色地膜升温快，适应早播地块，有利于提高地温，确保出苗。

加强残膜回收：地膜是高分子化合物，不受微生物侵蚀，降解周期长，一般为 200～300 年，而且还会溶出有毒物质，如果处理不当，连年累积，将给农业生产和农村生活带来严重危害，因此，秋收前应及时清理残膜，并开展降解地膜的试验示范与推广。

（四）机械作业程序

落下起落架，直到地轮可靠着地。将滴灌带通过顺导架下端顺入土壤表面固定。如果是给水端，则滴灌带头应向垄头外端延出 2 米左右，否则应与垄头平齐即可。拉开地膜头，从压膜辊横梁后边穿过，经过压膜辊前方，从压膜辊下方拉到镇压轮下压好地膜头。打开喷药（除草剂）器开关。开始作业，行进速度为拖拉机的 2 挡或 3 挡，作业过程中辅助人员应跟随，随时观察作业效果。行驶到地头，升起起落架，断开地膜和滴灌带，转向后，压好地膜横断处。

二、栽培管理

（一）播种时间

在春季农田土壤化冻后，连续 5 天土壤 10 厘米温度达到 8～10 ℃时开始播种，建平县播种时间限定在 4 月 15 日至 5 月 10 日。

（二）品种选择

选择在建平县有试验、示范和大面积创高产纪录的辽单 565、郑单 958、东单 258、益丰 29、良玉 66、浚单 20 等抗逆性强、丰产稳产性好的耐密型玉米品种。

（三）种植密度

采用大垄双行缩距增株种植技术（大垄宽 70～80 厘米、小垄宽 40 厘米），通过横向加宽、纵向加密，最大限度改善田间通风透光条件，提高玉米光合生产能力，增加玉米产量。种植密度根据品种特征特性和当地生产条件因地制宜，将现有品种普遍增加 500～1 000 株/亩。如每亩保苗 4 000 株，株（穴）距一般为 28～30 厘米；如每亩保苗 4 500 株，株（穴）距一般为 25～27 厘米。

（四）化学除草

机械覆膜前，随播种喷洒化学除草剂，选用广谱性、低毒、残效期短、效果好的除草剂。主要有两种：一是阿乙合剂，二是 38％莠去津悬浮剂，每亩用量 300～400 克兑水 40～60 千克进行全封闭除草，随覆膜一次完成。特别注意：不同成分、不同含量的除草剂必须严格按照说明书要求使用。

(五) 测土施肥

总体做到有机肥料与无机肥料相结合、大量元素与中微量元素相结合、用地与养地相结合，参照当地农民施肥习惯，施足基肥、适时追肥、种肥隔离。

施足有机肥：整地前，每亩施入腐熟农家肥 2～4 米^3。

适当补充微肥：当土壤有效锌检测值低于 0.5 毫克/千克时，施底肥时每亩施入 0.5～1.0 千克硫酸锌。

合理施用氮、磷、钾三大营养元素。保肥性好的壤土，采用一次性施肥技术：选择 46%～50% 含量的缓释肥料，N 在 26%～30%、P_2O_5 在 8%～12%、K_2O 在 8%～10%，含有氮肥缓释剂，每亩用量 40～50 千克、配施口肥磷酸二铵 10～15 千克。保肥性差的沙壤，采用水肥一体化的施肥技术：全部的磷钾肥、1/3 的氮肥做底肥，2/3 的氮肥在玉米拔节期、大喇叭口期分两次以水肥一体化的方式施入。底肥：磷酸二铵 15～20 千克/亩、氯化钾 10～15 千克/亩；拔节期、大喇叭口期以水肥一体化的方式施入速溶尿素 10～12.5 千克/亩。

水肥一体化实施过程中要注意：肥料必须速溶于水；肥料加入量不得超过施肥灌水体积的 60%；滴肥前、后各留出 0.5 小时洗清管路，防止管路堵塞；如果追肥时期降水充沛，及时采用其他方法追肥。

(六) 合理滴灌

1. 滴灌时机

"三看"：一是看天，10～15 天不降透水；二是看土，土壤攥后松开就散裂的；三是看苗，新叶枯萎或叶片中午高温打绺，傍晚不能完全展开。

依据测墒数据：利用土壤水分速测仪，及时全面掌握土壤墒情动态，指导项目区滴灌。建议玉米土壤相对含水量在出苗期至拔节期低于 45%、拔节期至抽雄期低于 60%、抽雄期至开花期低于 65%、灌浆期低于 60%、成熟期低于 55% 时开始滴灌，达到田间持水量时停止滴灌。

2. 滴灌时期

播种期：播种后立即滴灌。

苗期：植株小，以生长根系为主，蹲苗促壮，需水量不大。

拔节期、大喇叭口期：生长迅速，需水量逐渐增大。

抽雄期：抽雄前 10 天至抽雄后 20 天这一个月内，消耗水量多，对水的供应很敏感。

开花期：玉米的需水临界期，容易出现"卡脖旱"而减产。

乳熟期：消耗水量逐渐减少，但缺水影响粒重。

3. 滴灌水量

根据建平县土壤特性、玉米需水规律、气候特点，利用特定公式计算出玉米不同时期的灌水参数，见表 2-1（未考虑降水因素）。

表 2-1　玉米不同时期灌水参数

滴灌时期	滴水深度（厘米）	滴灌定额（米³）	滴水时长（小时）	滴水周期（天）
播种期	15	10	3	6
苗期	20	13.5	4	8
拔节期	25	16.5	5	6
抽雄期	30	20	6	6
开花期	30	20	6	6
成熟期	30	20	6	10

（七）病虫害防治

以预防为主、综合防治、绿色用药、安全用药为原则，主要防治玉米顶腐病、大小斑病、丝黑穗病、玉米螟、黏虫等，实现降低作物病虫害发生概率和减少农药残留上的统一，提升农产品产量和品质。应注意：选择抗病耐密品种；使用复合型种衣剂拌种，如用含三唑酮或戊唑醇的种衣剂拌种预防黑穗病、顶腐病及地下害虫，用赤眼蜂防治玉米螟；严格按照农药说明配药，浓度不要过大或过小；施药时避开高温高湿时间段。

（八）适时晚收

推广应用玉米适时晚收技术，尽量在 9 月末和 10 月初收获，提高玉米籽粒成熟度和营养物质含量。

第九节　谷子高产栽培技术

一、选地与整地

（一）选地

谷子适应性广，对土壤要求不严，一般选择地势平坦、保水保肥、排水良好、肥力中等的地块，避免选择重茬、迎茬地块。

（二）整地

前茬作物收获后，应及时进行秋翻，秋翻深度一般要在 20～25 厘米，要求深浅一致、扣垡均匀严实、不漏耕。翌年当土壤冻融交替之际及时整地。平播的要在秋翻地的基础上，早春进行耙耢和镇压，做到平、碎、净；秋翻秋起垄的，要随时起垄镇压；秋灭茬、春起垄的，要顶浆起垄，及时镇压，一般在 4 月 10 日前结束整地。

二、品种选择

（一）品种选择

谷子属于短日照喜温作物，对光温条件反应敏感。必须选择适合当地栽培、优质、高产、抗病性强的品种，建平县大面积种植的谷子品种有黄金谷、大金苗、张杂谷、赤谷 10 号、赤谷 8 号、山西大粒红谷等。

（二）种子质量与处理

1. 种子质量

种子发芽率不低于 90%，纯度不低于 94%，净度不低于 96%，含水率不低于 14%。

2. 种子处理

在播前要用盐水对种子进行严格筛选，去除秕粒和杂质，提高清洁率。在播前 10～15 天，于阳光下晒种 1～2 天，提高种子发芽率和发芽势。55 ℃温汤浸种 10 分钟，消灭附着在种子上的白发病病菌和黑穗病病菌等。用 60％吡虫啉悬浮种衣剂加 40％萎锈·福美双悬浮剂加 35％精甲霜灵种子处理剂，或者用 70％噻虫嗪种子处理可分散粉剂加 62.5％精甲·咯菌晴悬浮种衣剂，按产品包装说明进行拌种。

三、播种

（一）播种时期

土壤 5～10 厘米耕层温度稳定通过 10 ℃时为最佳时期，建平县一般为 4 月 25 日至 5 月 10 日。

（二）种植密度

垄作的一般每亩 3 万株左右，水浇地、平肥地每亩保苗 4.5 万株左右。

（三）种植方法

1. 机械条播

行距 50 厘米左右，播幅 10 厘米左右。播种深度以 2～3 厘米为宜，覆土薄厚一致，覆土后视墒情镇压 1～2 次。

2. 机械穴播

行距 50～55 厘米，株距 17～20 厘米，每穴留苗 3～4 株，播种深度以 2～3 厘米为宜。

四、施肥

（一）施用量

每亩施优质有机肥 3 米^3 以上，施磷酸二铵 8～10 千克、尿素 12 千克、硫酸钾 3 千克。

（二）施肥方法

磷酸二铵和硫酸钾全部用作底肥，尿素 1/3 做种肥，2/3 做追肥，追肥时间为孕穗期。

五、田间管理

（一）间苗、定苗

4～5叶期间苗，7～8叶期按品种密度要求定苗。

（二）铲耥

在幼苗期、拔节期和孕穗期及时进行铲耥，条播谷子做到三铲三耥，垄作的雨季前起大垄。

（三）化学除草

1. 禾本科杂草

每公顷50%扑草净可湿性粉剂750克，在谷子播种后苗前施用。

2. 阔叶杂草

每公顷用72% 2，4-滴丁酯乳油500～700毫升，兑水250～350千克，在4叶期喷施。喷药时应远离大豆、蔬菜、树木及双子叶植物50米以上。

六、病虫害防治

（一）病害

1. 锈病

谷子锈病主要在叶片和叶鞘上发生。建平县一般在谷子抽穗前后出现症状，最初在叶片表面或背面散生长圆形红褐色隆起的小点，以后病斑周围表皮破裂，散出黄色粉末，为病菌的夏孢子；后期在叶片背面和叶鞘上埋生圆形至长圆形灰黑色斑点，内部为黑色粉末，为病菌的冬孢子。其发生特点为谷子锈病的病菌借气流传播进行再侵染。高温多雨有利于发病和蔓延。氮肥过多、密度过大，茎叶茂盛、徒长和晚熟都能加重病害发生。7—8月降水多，发病重。

防治技术要点：选用抗（耐）病品种；农业防治，加强田间管理，合理密植，雨季田间应及时排水，少施氮肥，增施磷、钾肥，提高植株抗病力；化学防治，药剂可选用 20％三唑酮乳油 800～1 000 倍液或 12.5％烯唑醇可湿性粉剂 1 500～2 000 倍液或 50％萎锈灵可湿性粉剂 1 000 倍液、40％氟硅唑乳油 9 000 倍液，发生严重时，间隔 7～10 天再喷 1 次。

2. 黑穗病

谷子黑穗病为苗期侵入的系统性侵染病害，一般在成株期表现典型症状。该病菌在土壤中可存活 2～3 年，有的甚至可达 7～8 年。土壤中越冬的菌量大，侵染时间长是发病的重要原因，该病的防治必须在春播前进行。

防治建议：品种应选择具有抗病性的，实行 3 年以上长期轮作；播种应适时、浅播、不要覆土过厚，促使幼苗早出土，减少病菌侵染；生长期间拔除症状明显的病株，带到田外深埋或烧毁以减少菌源；药剂拌种是防治谷子黑穗病最直接和有效的方法。用 60％吡虫啉悬浮种衣剂和 40％萎锈灵·福美双悬浮种衣剂，按 1：1 等量复配进行拌种，可有效防治黑穗病及多种土传病害，同时还可兼防地下害虫和苗期害虫；也可选用噻虫嗪＋咯菌腈·精甲霜灵、克百威·戊唑醇、辛硫磷·三唑酮等复配种衣剂拌种，都可达到预防黑穗病发生和防地下害虫的效果。

(二) 虫害

1. 黏虫

黏虫为迁飞暴食性害虫，食性杂、危害大，危害作物严重时将叶片吃光成为光杆，造成严重减产，甚至绝收。春谷区在 6—7 月田间调查幼虫发生量，3 龄前进行防治。

防治技术：①物理防治。可以在田间设置糖醋液诱杀成虫，盆距约 500 米。糖醋液配制按红糖 1.5 份、食用醋 2 份、白酒 0.5 份、水 1 份，再加 1％的 90％敌百虫晶体或其他杀虫剂。②药剂防治。在幼虫 3 龄前可选用 20％马·氰乳油 1 500～2 000 倍液，或 20％氰戊菊酯、4.5％高效氯氰菊酯、2.5％溴氰菊酯乳油 3 000 倍液喷雾，也可选用 90％敌百虫晶体 1 000 倍液（高粱田禁用）。

2. 粟叶甲

粟叶甲，又称谷子负泥虫，以成虫和幼虫在谷子苗期危害叶片和心叶。成虫沿叶脉咬食叶肉，受害叶片形成白色条纹；幼虫多藏在心叶内取食嫩叶，一般 3～5 头，多则 20 头潜入同一株谷苗心叶里。使叶面出现白色条斑，严重时，造成枯心、烂叶或整株枯死。

防治技术：①清除杂草。秋后或早春，结合耕地清除田间农作物残株落叶和地头、地埂的杂草，集中烧毁，减少越冬虫源。②种子包衣。据近几年种植经验，播前用 60% 吡虫啉悬浮种衣剂进行种子包衣，可有效预防该虫，减轻苗期危害。③消灭成虫、兼治幼虫。在成虫发生高峰期和卵孵化盛期，用 50% 辛硫磷乳油 1 500 倍液、2.5% 高效氯氰菊酯水乳剂 2 000～2 500 倍液或 20% 高氯·马乳油 1 500 倍液喷雾防治，也可将 2.5% 溴氰菊酯乳油、40% 乐果乳油、80% 敌敌畏乳油三种农药等量混合，每亩用 50 毫升，低用量喷雾，防治效果更佳。

3. 苗期害虫

近几年，建平县苗期害虫呈危害加重趋势，害虫主要种类有蒙古灰象甲、黑绒金龟等。尤其在谷田危害更为明显，由于谷苗刚出土时小而弱，在虫源基数大时极易集中发生危害，如在播前不进行药剂拌种，极易出现毁苗现象。因此，各地要注意监测苗期害虫发生情况，及早防治，以保证作物苗期正常生长。

防治方法：①毒饵诱杀。用 50% 辛硫磷乳油 0.25 千克和 50 千克炒香的谷秕或青草拌匀，撒在小苗附近。也可用 90% 敌百虫晶体 500 倍液、80% 敌敌畏乳油 1 000 倍液浸泡鲜菜叶、杨树叶或杨（榆、柳）树枝把 1～2 小时，取出放置在田间诱杀（高粱田禁用）。②药剂防治。在危害高峰期，用 20% 氰戊菊酯乳油 2 000 倍液、48% 毒死蜱乳油 800～1 000 倍液、30% 高氯·马乳油 1 200 倍液或 5% 甲氨基阿维菌素苯甲酸盐·毒死蜱 4 000～5 000 倍液在早晨或傍晚苗期害虫取食活动时进行喷雾防治。

七、收获

（一）收获期

一般在蜡熟末期或完熟期进行收获，此时谷子下部叶片变黄，上部叶片稍带绿色或呈黄绿色，谷粒已变为坚硬状，全部变黄，种子含水量约20％。

（二）收获方法

1. 适时收获

在完熟期收获，当籽粒变硬呈固有粒型和粒色时，要及时收获。

2. 晾晒脱粒

收获后要及时晾晒，脱粒后进行清选。收获及晾晒脱粒过程中，所有工具要洁净、卫生、无污染。

第十节　谷子覆膜机械穴播集成技术

建平县是一个以农业为主的产粮大县。因具备日照充足、昼夜温差大、雨热同季等优越适宜的自然环境，非常适合谷子等杂粮作物的生产。以谷子为主的杂粮生产是建平县农业支柱产业之一，在粮食生产中占有举足轻重的地位。过去农民使用传统的栽培模式，采用裸地清种、小垄条播、人工间苗、人工收获的方式种植谷子，生产方式落后、劳动强度大、人工成本高、机械化水平低、效益不理想等问题严重制约了建平县杂粮产业的高效和可持续发展。为解决制约谷子生产的技术难题，近年来，建平县农业技术推广中心积极研究推广谷子覆膜机械穴播高产栽培技术，通过试验、示范证明：覆膜谷子亩产一般在400千克以上，比裸地谷子平均每亩增产30％～40％。同时具有节省劳动用工，提高机械化作业水平等特点，为创新谷子栽培模式和生产方式、促进旱作节水农业发展找到了一条有效途径。

一、核心技术

与传统谷子种植模式相比，谷子覆膜机械穴播高产栽培技术实行了"九改"。

1. 改条播种植为精量穴播免间苗栽培

改变谷子传统种植方式，由原来的人工条播栽培改成机械精量穴播栽培，穴播株距保持在 10～15 厘米，每穴种植 4～5 粒，实现每穴保苗 3～4 株，每亩保苗 3 万～3.5 万株，可免去原来人工间苗定植的繁重劳动投入，实现谷子的免间苗栽培，节省间苗劳动用工 2 个，降低了劳动强度，提高了谷子田间管理效率。谷子播种量节省 50%，由原来的 0.4～0.5 千克/亩降低至 0.2～0.3 千克/亩，节约了种子成本和生产投入。经多年谷子覆膜机械穴播试验证明：穴播可实现谷子的合理密植，中后期谷子根系相互牵制形成"三足鼎立"，能有效防止倒伏，可实现最优产量及收益。

2. 改人工播种为机械播种

改变谷子依靠人工点播或犁带播种箱播种的种植方式，采用谷子专用覆膜施肥播种一体机播种。播种深度 3～5 厘米，覆土厚度 2～3 厘米，播种成本仅 45 元/亩，比人工点播平均成本 60 元/亩降低 33.3%，每天可播 15～30 亩，是人工播种效率的 3～6 倍。且播种深度适宜，播种均匀，不受大风天气影响，提高了播种质量和工作效率，省工省力，实现了谷子机械化种植。

3. 改小垄清种为大垄双行

改变谷子小垄清种模式，将传统的 45 厘米或 50 厘米的小垄在整地时改为 100 厘米的大垄。在一个大垄上种 2 行，将原来的小垄等行距种植变成宽窄行种植，窄行距 40 厘米，宽行距 60 厘米，充分发挥作物的边行效应，增加谷子蓄水保墒、通风透光和抗倒伏能力，提高了光能利用率，为田间管理和机械化作业提供了有利条件。

4. 改裸地种植为地膜覆盖

改变谷子裸地种植方式，采用谷子覆膜施肥播种一体机，地膜幅宽 90 厘米，厚度 0.01 毫米，一次性完成开沟、施肥、覆膜、播种、覆土镇压等多重工序。多年试验测定结果表明：地膜覆盖能提墒保墒，增加地温，改善土壤耕层理化性状和土壤保肥供肥性能，有效抑制病虫和杂草生长，缩短谷子生育期，为种植生育期较长的谷子品种提供了选择空间。5～10 厘米耕层覆膜谷子含水量比裸地谷子高 1.5%～2.7%，墒情好的覆膜谷子地块春季可以保墒 45～60 天，而裸地种植谷子只能维持 25 天左右。地膜覆盖栽培可有效促进谷子种子早春萌发出苗和幼苗生长，比裸地早出苗 5～8 天，提早成熟 7～13 天。经测算覆膜谷子全生育期可增加膜内积温 240 ℃以上，可使膜内 5～10 厘米耕层温度提高 2～3 ℃，耕层 0～5 厘米总孔隙度增加 9.66%，田间通气孔隙度增加 10.77%，覆膜后土壤微生物活性增强，减少了铵态氮的挥发损失，从而提高了肥料利用率和谷子保水保肥能力。覆膜谷子比裸地谷子平均每亩增产 30%～40%，是抗旱增收的良好措施。

5. 改种子裸播为种子包衣处理

改变原来种子不经包衣直接播种的方式，播前进行药剂包衣处理。可用 60% 吡虫啉悬浮种衣剂＋40% 萎莠灵·福美双悬浮种衣剂＋35% 精甲霜灵种子处理乳剂拌种，也可用 70% 噻虫嗪可分散性种子处理剂＋70% 吡虫啉可分散性种子处理剂＋35% 咯菌腈·精甲霜灵悬浮种衣剂＋6% 戊唑醇悬浮种衣剂拌种。以促进种子萌发和幼苗生长，提高种苗活力和抗逆性，增强谷子抗病虫害能力，有效防治地下害虫、苗期害虫、谷子白发病及黑穗病等。

6. 改人工追肥为一次性施肥

改变谷子传统施肥方法，由施底肥＋人工追肥变为随播种一次性施入长效缓控释肥 30～35 千克，磷酸二铵 5～7.5 千克或硫酸钾 7.5～10 千克做口肥，分两层施入，后期不再追肥。既能免除费力的人工追肥，又可节省化肥，且一次性施肥满足了谷子全生育期肥料需要，防止了后期脱肥现象发生，提高了肥料利用率和作用周期。

7. 改人工收获为机械收获

改变人工镰割谷子的收获方式，当籽粒达到完熟期、叶片枯死后，籽粒含水量下降到20%左右时用91千瓦以上的4LZ系列自走式谷物联合收割机进行收获，每亩可节省人工投入20%，收获效率提高60倍以上，同时可达到秸秆粉碎还田培肥地力的双重成效。

8. 改病虫害化学防治为病虫害绿色防控

改变谷子以化学药剂为主的病虫害防治方法，按照预防为主、综合防治的原则，采取农业防治、理化诱控和生物防治相结合的绿色防控方法防治病虫害。一是采用抗病品种、适宜的种植方式和密植等构建合理的群体结构，增施有机肥，科学控制肥水和田间管理等措施，促进谷子健壮生长，提高抗病能力。二是根据不同病虫害发病情况和最佳防治时期，利用植物源、生物源等低毒农药或杀虫灯防治病虫害。对地下害虫一般采用种子包衣、药剂拌种、毒沙撒施等方法防治；对黏虫采用在田间插草把诱蛾产卵，将卵集中消灭的物理防治方法；防治黑穗病可在播种时采用药剂拌种，或在黑穗病株散粉前将其拔除，带到田外深埋或烧毁。病虫害绿色防控减少了农药的使用量，实现了谷子的绿色高产高效和生态环保种植及管理。

9. 改连作种植为轮作倒茬

改变谷子连作种植的弊端，采用谷子-豆类、谷子-马铃薯、谷子-玉米、谷子-高粱等合理的轮作倒茬方式种植谷子，均衡利用土壤养分，减轻病虫草害，利用肥茬创高产。

二、配套技术

1. 机械深松整地，增施有机肥

秋收后入冬前，及早进行机械深翻整地，秋翻深度30厘米，彻底打破犁底层，同时要及时耙耢保墒。随整地起垄每亩施优质农家肥2 000～3 000千克（2～3米³），提高土壤有机质含量。整地要做到土壤细碎无坷垃、无根茬、上虚下实，有利于播种出苗。

2. 种子精选包衣，适时晚播

选用籽粒饱满，整齐一致，发芽率不低于 85% 的优良种子，主要品种有山西大红谷、黄金苗、毛毛谷、东谷 1 号、东谷 2 号等。播前晒种 3～4 天并进行种子包衣处理，当土壤 5 厘米土层温度稳定在 10 ℃时即可播种，一般覆膜谷子在 5 月上中旬播种，适时晚播。

3. 膜下滴灌及水肥一体化高效利用技术

选用 2 米 BDJ - 2 型铺膜滴灌精量播种机，实现播种、施肥、铺滴灌带、覆膜一次性完成，达到每穴播种 4～5 粒。采取大垄双行膜下滴灌种植模式，根据谷子的需水量和生育期内的降水量确定灌水定额；根据谷子的需水规律、降水情况及土壤墒情确定灌水时期、次数及每次的灌水量；根据谷子的需肥规律、地块肥力及目标产量水平，确定施肥总量、氮磷钾比例以及底、追肥的比例，其中底肥在整地前施入，追肥所使用的水溶性肥料按照谷子生育期的需肥特性和生长发育状态，合理调整灌溉施肥时间、用量和次数。采用水肥一体化高效节水节肥技术，达到灌溉与施肥同步，水肥一体化的用肥量为常规施肥量的 50%～70%。

4. 科学配方深施减施肥高效利用技术

根据谷子的品种特性、需肥规律，以及预期的产量目标和土壤肥力实测结果，制订合理的科学配方和高效的减量施肥方案，达到因种、因地、因时、因产施肥。同时，根据施用的肥料种类和谷子需肥规律，采用分层次的科学施肥方法。在秋季整地时深施底肥，深度大于 10 厘米，每亩施腐熟有机肥 2 000～3 000 千克做底肥。播种时种肥减量穴施，随播种每亩施长效缓控释肥 30～35 千克，磷酸二铵 5～7.5 千克或硫酸钾 7.5～10 千克做口肥，注意种与肥隔离避免烧苗。

5. 绿色有机种植与富硒谷子开发技术

按照绿色有机谷子种植规程，发展谷子绿色有机生产和加工开发，减少肥药用量，增施有机肥，提倡生物防治和物理防治，发展富硒谷子种植开发，提高谷子硒含量和适口性。通过富硒肥在覆膜谷子上的应用试验示范证明：覆膜谷子喷施富硒肥后，硒含量比普通谷子高出14.8倍，产量相对于普通谷子亩均增产140千克以上，且抗病性、抗倒伏性及适口性都优于普通谷子。

6. 适当增密合理群体配置高产栽培技术

适当提高谷子的种植密度（较常规种植密度提高10%～15%），谷子每亩保苗提高至3万～3.5万株。结合不同种植模式（宽窄行、比空种植等），形成合理的高产群体结构配置，促进山西大红谷、黄金苗、毛毛谷等优质耐密谷子品种的选择，以形成适度增密的高产栽培模式。

7. 谷子生产全程机械化技术

全程机械化技术，即旋耕灭茬、播种、覆膜、施肥、病虫草害防治、收获等均采用机械化作业，提高谷子机械化生产水平，促进谷子产业化发展。

第十一节　马铃薯-玉米-豆角-白菜 一地四收立体栽培技术

地膜马铃薯套作黏玉米复种大白菜、玉米株间种植秋豆角的一地四收立体栽培模式，可以充分利用土地资源，发挥边行优势，产量和经济效益十分显著。

一、配置方式

马铃薯与黏玉米采用2∶1配置方式，总播幅宽1.35米，种植2垄马铃薯和1垄黏玉米。马铃薯高垄双行播幅80厘米，玉米单行播幅为55厘米。马铃薯株距28厘米，每亩保苗3 500株；黏玉米株距30厘米，每亩保苗1 600株。6月末开始分批采收马铃薯，同时在黏玉米的株间种植秋豆角；7月下旬在马铃薯收获整地后的大垄上种植两行大白菜；8月上中旬黏玉米收获，然后打掉叶片，只剩玉米秸秆做秋豆角的架材；9月豆角采收后及时割除玉米秸秆和豆角秧；10月中下旬大白菜上市。

二、马铃薯栽培

1. 品种选择

根据市场需要，选用宜销对路的脱毒种薯。如早大白、荷兰15、中薯5号、富金等。

2. 种薯催芽

3月上旬开始进行种薯催芽，温度保持在15～18℃，先在黑暗中催白芽，当白芽长至米粒大时，摊开1～2层见散射光，使白芽变绿变紫，催芽过程中要经常翻动，使发芽均匀粗壮。

3. 选地整地

选择地势较高、土质疏松肥沃、土层深厚、能排能灌的壤土或沙壤土地块。在秋季上茬作物收获后，进行深翻整地。秋雨较多或地势低不宜秋翻时，可于早春播种前进行春翻。结合深翻撒施有机肥或充分腐熟的农家肥2 000～4 000千克，同时撒施3%辛硫磷颗粒剂3千克以防治地下害虫。耕深以25～30厘米为宜。耕后要适时耙压，减少土壤水分蒸发。

4. 切大薯块

种薯切块从尾部开始，一块一个芽，切忌切成薄片，顶部一切为二或二切为四，切块后拌种。切块重量不少于30克，最好为40克以上。切种过程中要及时汰除病薯，并要对切刀进行酒精或高锰酸钾浸泡消毒，最好准备两把切刀便于及时更换。

5. 药剂拌种

用72%霜脲·锰锌可湿性粉剂10克＋70%甲基硫菌灵可湿性粉剂或50%多菌灵可湿性粉剂20克＋1千克滑石粉（装潢建材处购买即可）拌种薯100千克，边切边拌，晾干后播种。

6. 覆膜播种

4月上旬，当土壤10厘米深处温度达到7～8℃时即可播种。覆盖地膜可使地温提高3～5℃，一般可提早播期10天左右，播种时起大垄，垄宽80厘米，栽双行，株距28厘米，覆土厚度7～10厘米。每亩保苗3 500株，每亩用种薯150千克左右。高垄栽培后要及时镇压整好垄形，压成鱼脊面，以利于覆膜。覆膜时要拉紧铺平，使膜紧贴垄面，防止风吹地膜，垄上膜的两边要于高垄下边埋压实，接头处也要封严压实。膜前栽培要注意及时查田放苗，并用细湿土将放苗孔封严。既可防风鼓膜及杂草滋生，也有利于保水增温。

7. 配方施肥

在施足腐熟农家肥的基础上，每亩施硫酸钾型复合肥 50 千克。

8. 田间管理

早熟马铃薯从播种至幼苗出土 20～30 天，覆膜栽培要注意及时引苗，防止白天地膜烫伤幼苗。土壤干旱时，应浇水以促使苗齐，及时消除杂草。结薯期由于块茎迅速膨大而需水量大，所以在干旱情况下要灌一次透水。封垄后要尽量减少田间作业，避免碰伤茎、叶。

9. 病虫害防治

生长期间注意防治病虫害，用敌百虫可溶性粉剂或 3％辛硫磷颗粒剂 3 千克防治瓢虫（俗称花大姐），用 64％恶霜·锰锌（杀毒矾）可湿性粉剂 400～500 倍液或 72％霜脲·锰锌（克露）可湿性粉剂 500～700 倍液防治晚疫病。

三、黏玉米栽培

1. 品种选择

富黏 1 号、东糯 88、沈糯 3 号等品种适宜在当地种植，而且在市场上比较受欢迎。

2. 播种时间

4 月中下旬在马铃薯行间套种黏玉米。

3. 田间管理

间苗和定苗一般在 3～4 片叶时进行为宜，留壮苗，拔掉病苗、弱苗、不健壮苗，留苗应大小一致、株距均匀。一般 7 月中旬黏玉米即可收获，收获后打掉叶片，用玉米秸秆做秋豆角的架材。

四、豆角栽培

1. 播种

一般采用穴播，6月中下旬在玉米株间每穴点2～3粒种，播种后用细粪土覆盖种子，厚度为1～2厘米。

2. 整枝

整枝包括抹底芽、打腰杈、主蔓摘心和摘老叶等。主蔓第一花序以下的侧芽长3厘米左右时及早彻底除去，使主蔓粗壮，促进主蔓花序开花结荚。主蔓第一花序以上各节位上的侧枝，留1～3叶摘心，保留侧枝上的花序，增加结荚部位。第一次产量高峰过后，叶腋间新萌发出的侧枝也同样留1～3节摘心，留叶多少视密度而定。主蔓长至15～20节，高达2～2.3米时，摘心封顶，控制株高。顶端萌生的侧枝留一叶摘心，豆角生长盛期，底部若出现通风透光不良，易引起后期落花落荚，可分次剪除下部老叶，并清除田间落叶。

3. 病虫害防治

豆角病害主要有锈病、菌核病、枯萎病、煤霉病；虫害主要有豆荚螟、螨类、潜叶蝇等。锈病可用25%三唑酮可湿性粉剂1 000倍液进行防治；菌核病、枯萎病、煤霉病可用50%硫黄·多菌灵可湿性粉剂600倍液或50%多菌灵可湿性粉剂600倍液喷雾防治。豆荚螟可用10%氯氰菊酯（安绿宝）乳油2 000倍液防治；螨类可用73%炔螨特乳油3 000倍液喷雾防治；潜叶蝇可用10%杀虫双悬浮剂500倍液或1.8%阿维菌素乳油2 000倍液防治。

4. 适时采收

豆角采收必须及时、勤采，可适当增加采收次数，一般播种后60～70天即可采收嫩荚。花后10～15天豆荚长至该品种标准商品形状，荚果饱满柔软，籽粒未显露时为采收适期。豆角每花序有2对花芽，能结2～4条荚果，同一花序的着荚部位由茎部向顶部推移，花相互对生，为使以后的花芽能正常开花结荚，采收时要特别注意，在荚果柄部小心剪下，勿伤花序和留在上面的小花蕾。

采收要及时，防止植株早衰和促进多结荚十分重要。一般初收期5 天左右采收 1 次，盛期隔 1 天采收 1 次，这样既能保证品质，又能促进荚果长大，从而提高产量。收后及时割除玉米秸秆和豆角秧。

五、大白菜栽培

大白菜出苗后应分别在 2 叶期、4 叶期、7 叶期间苗 3 次。定苗后要追施一次提苗肥，每亩施稀薄人畜粪肥 500 千克或尿素 5～10 千克，冲水 500 千克浇施，并中耕除草 1 次。植株封行前施 1次发棵肥，每亩施人畜粪肥 1 000 千克或尿素 10 千克。结球前期可在畦中央开浅沟施重肥 1 次，每亩施尿素 15 千克或 45％三元复合肥 20 千克，施后盖土，促使叶球大而结实。白菜软腐病可用72％农用链霉素可溶性粉剂 3 500 倍液或 70％敌磺钠可溶粉剂 600倍液，每隔 7～10 天淋洒植株 1 次，连续淋洒 3～4 次。霜霉病可用 75％百菌清可湿性粉剂 1 000 倍液或 40％三乙膦酸铝可湿性粉剂 400～500 倍液或 25％甲霜灵可湿性粉剂 1 000 倍液喷雾防治。蚜虫的防治要从苗期抓起，可用 10％吡虫啉可湿性粉剂 2 000 倍液喷雾防治。

第十二节 一季作马铃薯高产栽培技术

一、选地

马铃薯倒茬有利于减轻病虫害和利用土壤肥力，马铃薯适合与禾本科作物轮作，种植马铃薯应选择微酸性（pH 5.3～7）、地势较高、土质疏松肥沃、土层深厚、能排能灌的壤土或沙壤土地块。

二、整地

秋翻地比春翻地效果好。深翻 36 厘米比 20 厘米增产 10％以上，最好能进行旋耕保证土壤疏松，透气性好，并可提高蓄水、保水能力。

三、选种

必须选用真正脱毒的种薯做种，不能用商品薯做种薯，适应性较好的高产品种有吉杂 1 号、克新 1 号、紫花白、建薯 1 号等。

四、切块

种薯切块从尾部开始，一块一个芽，切忌切成薄片，顶部一切为二或二切为四，切块后拌种。切块重量不少于 25 克，最好为 35 克以上。切种过程中要及时汰除病薯，并要进行切刀酒精或高锰酸钾浸泡消毒，最好准备两把切刀便于及时更换。

五、拌种

用霜脲·锰锌可湿性粉剂 10 克＋70％甲基硫菌灵可湿性粉剂（50％多菌灵可湿性粉剂） 20 克＋1 千克滑石粉拌种薯 100 千克，边切边拌，晾干后播种。

六、播种

在建平县一般在 5 月 10—20 日播种，大垄垄距 90～100 厘米，栽双行，株距 30 厘米，覆土厚度 7～10 厘米；单垄垄距 50～55 厘米，栽单行，株距 25～30 厘米，每亩保苗 4 500 株，每亩用种薯 150～170 千克。

七、施肥

马铃薯栽培最好一次施足底肥，尤其是覆膜栽培时，追肥不利于马铃薯对肥料的吸收利用。以施农家肥为主，另外加施化肥（N∶P∶K 比例为 5∶2∶11）。钾肥要施足，施肥量应根据当地土壤养分状况而定，推荐使用马铃薯专用肥，忌偏施氮肥。在施足农家肥基础上，每亩施专用肥 40～50 千克。

八、覆膜

采用厚0.01毫米、宽90厘米规格的地膜最佳。高垄栽培后要及时镇压整好垄形，压成鱼脊面，以利于覆膜。覆膜时要拉紧铺平，使膜紧贴垄面，防止风吹地膜，垄上膜的两边要于高垄下边埋压实，接头处也要封严压实。膜前栽培要注意及时查田放苗，并用细湿土将放苗孔封严，既可防风鼓膜及杂草滋生，也有利于保水增温。

九、田间管理

晚熟马铃薯从播种至幼苗出土15～20天，覆膜栽培要注意及时引苗，防止白天地膜烫伤幼苗。土壤干旱时，应浇水以促使苗齐，如果植株矮小，肥力不足，可结合中耕追施复合肥一次。及时消除杂草，在现蕾期喷一次膨大素或矮壮素，防止徒长。结薯期由于块茎迅速膨大而需水量大，所以在干旱情况下要灌一次透水。封垄后要尽量减少田间作业，避免过多碰伤茎、叶，可结合防病喷施叶面肥2～3次，提高叶面功能。

十、病虫害防治

生长期间注意防治病虫害，用敌百虫或辛硫磷防治瓢虫（俗称花大姐），用代森锰锌、甲基硫菌灵等预防病害，晚疫病发病初期用恶霜·锰锌（杀毒矾）、霜霉威盐酸盐等防治。

第十三节　二季作马铃薯高产栽培技术

一、选地

马铃薯倒茬有利于减轻病虫害和利用土壤肥力，马铃薯适合与禾本科作物轮作，种植马铃薯应选择微酸性（pH 5.3～7）、地势较高、土质疏松肥沃、土层深厚、能排能灌的壤土或沙壤土地块。

二、整地

秋翻地比春翻地效果好。深翻 36 厘米比 20 厘米增产 10% 以上，最好能进行旋耕保证土壤疏松，透气性好，并可提高蓄水、保水能力。

三、选种

必须选用真正脱毒的种薯作种，不能用商品薯作种薯，选择品种应根据市场需要，选用宜销对路的品种。目前市场上早熟马铃薯品种较好的有早大白、荷兰 15。

四、催芽

早春催大芽播种比不催芽可增产 20% 以上，催芽的薯块幼芽发根快，出苗早而整齐，结薯早。播前 20～30 天种薯出窖催芽，15～18℃一定湿度条件下，先在黑暗中催白芽，当白芽长至米粒大时，摊开 1～2 层见散射光，使白芽变绿变紫，催芽过程中要经常翻动，使发芽均匀粗壮，待芽长至豆粒大时即可准备切种。催芽温度不可超过 25℃。

五、切块

种薯切块从尾部开始，一块一个芽，切忌切成薄片，顶部一切为二或二切为四，切块后拌种。切块重量不少于 25 克，最好为 35 克以上。切种过程中要及时汰除病薯，并要进行切刀酒精或高锰酸钾浸泡消毒，最好准备两把切刀便于及时更换。

六、拌种

用 72% 霜脲·锰锌可湿性粉剂 10 克＋70% 甲基硫菌灵可湿性粉剂（50% 多菌灵可湿性粉剂）20 克＋1 千克滑石粉拌种薯 100 千克，边切边拌，晾干后播种。

七、播种

适时播种是高产的重要环节。适时是指土壤 10 厘米深处温度达到 7～8 ℃时播种最为合适。覆盖地膜可使地温提高 3～5 ℃，一般可提早播期 10 天左右，在辽西地区一般在 4 月 1—10 日播种，最晚不能超过 4 月 15 日。播种时起大垄，垄距 90～100 厘米，栽双行，株距 30 厘米，覆土厚度 7～10 厘米。每亩保苗 4 500 株，每亩用种薯 150～170 千克。

八、覆膜

采用厚 0.01 毫米、宽 90 厘米规格的地膜最佳。高垄栽培后要及时镇压整好垄形，压成鱼脊面，以利于覆膜。覆膜时要拉紧铺平，使膜紧贴垄面，防止风吹地膜，垄上膜的两边要与高垄下边埋压实，接头处也要封严压实。膜前栽培要注意及时查田放苗，并用细湿土将放苗孔封严。既可防风鼓膜及杂草滋生，也有利于保水增温。

九、施肥

马铃薯栽培最好一次施足底肥，尤其是早熟品种，生育期短，追肥不利于马铃薯对肥料的吸收利用。以施农家肥为主，另外加施化肥（N：P：K 比例为 5：2：11），钾肥要施足，施肥量应根据当地土壤养分状况而定，推荐使用马铃薯专用肥，忌偏施氮肥。在施足农家肥基础上，每亩施专用肥 40～50 千克。

十、田间管理

早熟马铃薯从播种至幼苗出土 20～30 天，覆膜栽培要注意及时引苗，防止白天地膜烫伤幼苗。土壤干旱时，应浇水以促使苗齐，如果植株矮小，肥力不足，可结合中耕追施复合肥一次。及时消除杂草，在现蕾期喷一次膨大素或矮壮素，防止徒长。结薯期由于块茎迅速膨大而需水量大，所以在干旱情况下要灌一次透水。封垄后要尽量减少田间作业，避免碰伤茎、叶。

十一、病虫害防治

生长期间注意防治病虫害，用敌百虫或辛硫磷防治瓢虫（俗称花大姐），用恶霜·锰锌（杀毒矾）、甲霜·锰锌防治晚疫病。

第十四节　马铃薯膜下滴灌高产栽培技术规程

一、选地

马铃薯适于弱酸性土壤（pH 5.3～7），在碱性土壤中块茎易感染疮痂病。因此，碱性土壤必须改良，如大量施用有机肥及酸性无机肥料（硫酸铵等）可以降低 pH。

马铃薯块茎膨大时，顶土能力不及其他块根类作物，因此，应选择土壤疏松的地块种植马铃薯。土壤过于黏重时，遇多雨天气或空气湿度大，易感染晚疫病，块茎皮孔外凸，病菌易侵入，腐烂率增高。沙质壤土，质地疏松，排水、透气性好，适于栽植马铃薯。

二、轮作倒茬

为了更经济有效地利用土壤肥力和预防病虫害等，实行轮作是必要的。据调查，马铃薯连作 8 年，疮痂病发病率达 96.0%，接种一茬萝卜，发病率下降到 28.0%。

在大田种植时，马铃薯与禾谷类作物轮作较好，因为它们对养分的吸收比例、易感病虫害种类及伴生杂草均有所不同，轮作可以把病虫害减轻到最低程度，并有利于消灭杂草。在蔬菜区种植，应与非茄科的葱、蒜、芹菜、胡萝卜、萝卜等轮作。番茄、茄子、白菜、甘蓝等与马铃薯有共同病害，不宜互相接茬。

三、整地

马铃薯的产品器官——块茎是在土壤中形成和膨大的，对土壤的水、肥、气、热等条件要求较高,适当进行土壤耕作与整地则是改善土壤条件的重要措施。

一般以早秋深耕效果较好,早秋深耕可以加厚耕层、增加孔隙度,提高土壤渗透性和蓄水能力,增强好气性微生物活性,促进有机质矿化和养分有效化。在秋雨较多或地势低不宜秋耕时,可于早春播种前进行春耕。结合深翻撒施有机肥或充分腐熟的农家肥,同时撒施3%的辛硫磷颗粒剂防治地下害虫。耕深以25~30厘米为宜,耕后要适时耙压,减少土壤水分蒸发。

四、选种

建平县一季作区可以选用适应性较好的高产品种吉杂1号、克新1号、紫花白、建薯1号等。最好选用真正脱毒的种薯做种,不能用商品薯做种薯。

1. 种薯切块

切块播种可节约用种,降低生产成本。切块重量不宜低于25克,最好为35克以上,以免切块中水分、养分不足而影响幼苗发育。一般50~100克重的种薯可从头到尾切成2~3块。若种薯过大,可按芽眼切块,大种薯切块从尾部开始,按芽眼排列顺序螺旋形向顶部斜切,最后对顶芽从中一切为二或二切为四,每个切块要带有1~2个芽眼,切忌切成薄片,切种过程中要及时汰除病薯,并要进行切刀酒精或高锰酸钾浸泡消毒,最好准备两把切刀便于及时更换。切块后立即用甲基硫菌灵拌种,1千克甲基硫菌灵与30千克滑石粉充分混合,拌切块3 000千克。

2. 整薯播种

生产上常有利用小整薯播种增产的措施,30克以下种薯提倡整薯播种。主要选用幼龄和壮龄薯,生命力较强,薯内水分、养分充足,出苗整齐,可以发挥顶芽优势,比切块栽植增产20%左右,而且整薯播种可以避免切刀传病。

五、施肥

马铃薯是喜肥作物，对肥料反应敏感。马铃薯对肥料三要素的要求量和比例同禾谷类作物不同，马铃薯是典型需钾较多的作物，氮次之，磷最少。一般每生产 1 000 千克块茎，需从土壤中吸收氮 5.0～6.0 千克，磷 1.0～3.0 千克，钾 12.0～13.0 千克，其比例为 2.5：1：4.5。生产上可根据测土配方施肥建议卡进行配方施肥，即在施足腐熟农家肥的基础上（每亩施用腐熟农家肥 2 000～4 000 千克），每亩施硫基三元复合肥（N：P：K 比例为 15：15：15）50 千克或马铃薯专用肥 50 千克左右。

六、合理密植

马铃薯单位面积产量是由穴数、每穴薯数及平均薯重决定的，合理密植亦是适当增加单位面积的种植穴数或主茎数，从而增加总块茎数和总重量。

建平县一季作区播种，一般在 5 月 10—20 日期间。播种时起大垄，垄距 90～100 厘米，栽双行，株距 27～30 厘米，覆土厚度 7～10 厘米。每亩保苗 4 500 株左右，每亩用种薯 150～170 千克。

七、铺设滴灌管带、覆膜

播种后，沿播种带铺设滴灌管，应尽量放松扯平，自然畅通，不宜拉的过紧、不宜扭曲，每隔 3～5 米压土固定，然后覆膜。覆膜要求用 0.01 毫米厚度、90 厘米幅宽的地膜。覆膜时要拉紧铺平，使地膜紧贴垄面，每隔 2～3 米横压一土带，防止大风揭膜。

八、田间管理

1. 及时查田引苗

晚熟马铃薯从播种至幼苗出土 15～20 天，为了保证种植密度，应及时查田引苗，防止白天地膜烫伤幼苗，并用细湿土将放苗孔封严。

2. 肥水管理

马铃薯同其他作物相比，需水量较大，大约每形成 1 克干物质，需耗水 400～600 克。马铃薯萌芽期主要靠母薯供应幼芽生长所需水分，土壤湿度在田间持水量的 60% 左右为宜。幼苗阶段，适当控制滴水，以促进根系发育；发棵阶段以促进为主，土壤干旱应及时滴灌补水。如果植株矮小、长势弱，可将追肥肥料放入施肥罐中，结合滴水一并滴灌；当植株进入结薯期，需水量迅速增加，要求土壤湿度为田间持水量的 70%～80%；马铃薯收获前，土壤湿度不宜过大，否则会造成烂薯或不耐储藏。因此，全生育期应根据土壤水分状况及各生育期对水分的要求进行滴灌补水，每次滴水时间 4～6 小时。

及时清除杂草，并对破损地膜及时进行压土等，防止水分散失、大风揭膜现象的发生。封垄后要尽量减少田间作业，避免过多碰伤茎、叶，可结合防病喷施叶面肥 2～3 次，提高叶面功能。

九、病虫害防治

（一）晚疫病

晚疫病是马铃薯主产区最严重的一种真菌病害。

症状：在叶片上出现的病斑像被开水浸泡过，几天内叶片坏死，干燥时变成褐色，潮湿时变成黑色。在阴湿条件下，叶背面可看到白霉似的孢子囊枝，通常在叶片病斑的周围形成淡黄色的褪绿边缘，病斑在茎上或叶柄上是黑色或褐色的。茎上病斑很脆弱，茎秆经常从病斑处折断，有时带病斑的茎秆可能发生萎蔫。

晚疫病最适宜发生的温度条件为 10～25 ℃。田间同时有较大的露水或降水，分生孢子会通过雨水从茎、叶上淋溶到土壤里从而感染块茎。被感染的块茎有褐色的表皮脱落，将块茎切开后，可看到褐色的坏死组织与健康组织分界线不明显，感染晚疫病的薯块在储藏期间普遍发生腐烂。

防治措施：晚疫病的最初传播来源是临近的薯田或番茄、杂草和有机堆肥，晚疫病的防治要选择抗病品种，并在播前严格淘汰病薯。一旦发生晚疫病感染，一般很难控制，因此，必须在晚疫病没有发生前进行药剂防治，即当日平均气温在 10～25 ℃，下雨或空气相对湿度超过 90％达 8 小时以上时，4～5 天后应喷洒药剂进行防治，每亩可用 70％代森锰锌可湿性粉剂 175～225 克，兑水后进行叶面喷洒。田间出现晚疫病病株后，则需要用甲霜灵（也称雷多米尔、瑞毒霉）进行防治，每亩用 25％甲霜灵可湿性粉剂 150～200 克，兑水后进行叶面喷施。如果一次没有将病害控制住，则需要进行多次喷施，时间间隔为 7～10 天。

（二）早疫病

早疫病是马铃薯最主要的叶片病害之一。

症状：坏死斑块呈褐色，角状，在叶片上有明显的同心轮纹形状，较少扩散到茎上。因受较大的叶脉限制，病斑很少是圆形的。病斑通常在花期前后首先从底部叶片形成，到植株成熟时病斑明显增加。会引起枯黄、落叶或早死。腐烂的块茎颜色黑暗，干燥，似皮革状。易感品种（通常是早熟品种）可能表现严重的落叶。

防治措施：在生长季节给植株提供健康生长的条件，尤其要适时灌溉和追肥。叶面喷施杀菌剂可以减轻早疫病蔓延。当早疫病较为严重时可以用 70％代森锰锌可湿性粉剂防治，用量为每亩 175～225 克，兑水后进行叶面喷施，如果一次没有防治住，则需要进行多次喷施，间隔 7 天左右。

（三）环腐病

马铃薯环腐病在温带地区是反复发生的病害，又名转圈烂、黄眼圈。

症状：往往在中后期显现萎蔫（通常只是一个植株上的某些茎枯萎）等症状，底部的叶片变得松弛，主脉之间出现淡黄色，可能出现叶缘向上卷曲，并随即死亡。茎和块茎横切面出现棕色维管束，一旦挤压，可能有细菌性脓液渗出。块茎感染有时可能会与青枯病混淆，但在芽眼周围不出现脓状渗出物。环腐病是一种主要靠种薯传播的病害，其病原存活在一些自生的马铃薯植株中，不能在土壤中存活，但可能被携带在工具、机械、包装箱、袋上。

防治措施：使用无病种薯。在播种干净的薯块之前，要消除田间前茬留下的薯块；进行严格的无菌操作；并将箱子、筐子、设备、工具消毒，使用新的包装袋。最好能用整薯播种，防止切刀传播此病害。

(四) 黑胫病和软腐病

由欧文氏杆菌引起的马铃薯植株的黑胫病和块茎的软腐病是分布很广的细菌性病害，在湿润的气候条件下危害尤为严重。

症状：当湿度过大时，黑胫病可以在任何发育阶段发生。黑色黏性病斑最初通常从发软的、腐烂的母薯沿茎秆向上扩展，新的薯块有时顶部末端腐烂，幼小植株通常矮化和直立，可能出现叶片变黄和小叶向上卷曲，通常紧接着就是枯萎和死亡。

防治措施：避免将马铃薯种植在潮湿的土壤中，不要过度灌溉。成熟后尽量小心地收获块茎，避免在阳光下暴晒。块茎在储存或运输前必须风干。种植抗性较高的品种。与青枯病一样，目前没有发现能有效防治黑胫病和软腐病的化学药剂。

(五) 马铃薯卷叶病

马铃薯卷叶病是最重要的马铃薯病毒性病害，在所有种植马铃薯的国家均普遍发生，易感品种的产量损失可高达90％。

症状：初期症状是流行季节由蚜虫传播感染造成的，上部叶片尤其是小叶的基部卷曲。这些叶片趋向于直立，并且一般是淡黄色的。对许多品种而言，正常的颜色可能是紫色、粉红色或红色。有些品种感染后没有症状，感染后期可能也不会有症状，高感品种的块茎薯肉中有明显的坏死组织。次生症状（从被感染的块茎长成的植株），也称继发病症，是基部叶片卷曲、矮化垂直生长及上部叶片发白，卷曲的叶片变硬并革质化，有时叶片背面呈紫色。

防治措施：可以在种薯繁育时淘汰病株，筛选出健康的植株。杀虫剂可以减缓病毒在植株内蔓延，但不能防止从邻近田块迁移来的带毒蚜虫的感染。马铃薯卷叶病毒是已知的可通过热处理来消除的马铃薯病毒，种植抗卷叶病毒的马铃薯品种是一种有效防治该病毒的方法。

（六）马铃薯花叶病

马铃薯花叶病是由一种或多种病毒侵染引起的，通过感染的块茎长期存在并由蚜虫非持续性传播，产量损失可达 80%。

症状：症状因病毒株系、马铃薯品种及环境条件不同变化很大。脉缩、叶片卷曲、小叶叶缘向下翻、矮化、小叶叶脉坏死、坏死斑点、叶片坏死和茎上出现条纹都是典型的症状。

防治措施：马铃薯花叶病的防治可通过无性选择和脱毒种薯繁育过程淘汰病株。选择抗病品种也是重要防治措施。

（七）青枯病

马铃薯青枯病又称细菌性枯萎病或褐腐病。马铃薯青枯病的传染源非常广泛，如带病种薯、污染的土壤和肥料、其他感病植物（包括杂草）等。其传染、传播方式也很多，如切种薯用的刀，中耕除草、收获、运输和储藏过程中使用的农具、器械和容器等，都可能沾染青枯病菌成为传染源。其中带病种薯是最重要的传染源，也是地区间远距离传播的主要途径。感病轻微的块茎肉眼不易识别，当病薯种植到田间后，随着土壤温度升高、幼芽萌动、出苗、病菌活动、增殖，造成块茎腐烂或幼芽枯死，甚至引起植株枯萎、死亡。青枯病菌还可从有病的块茎、幼芽、根系和植株残体等释放到土壤中，随降水、灌溉水等传到健株的根系，扩大侵染，感病的块茎又成为下一季的传染源。青枯病菌可在土中的植株残体上越冬、越夏、长期存活，因此土壤也是重要传染源之一。但在高纬度地区，由于冬季严寒，青枯病菌很难在植株残体上越冬，一般土壤不会受到污染，但若种植了病薯，当年则会严重发病。因此，在这些地区，只要利用无病种薯生产，马铃薯青枯病就不会成为严重病害。

症状：青枯病是一种维管束病害，在马铃薯生育的任何时期都可发生。田间的典型症状是叶片、分枝或整个植株表现急性萎蔫，但茎叶仍保持绿色，萎蔫后很快枯死，因此称为青枯病。发病植株茎秆基部维管束变黄褐色。若将一段病茎的一端直立浸于盛有清水的玻璃杯中，静止数分钟后，可见到水中的茎端有乳白色菌脓流出，以此方法可对青枯病进行确定。感病块茎的芽眼变成褐色，严重时有乳白色菌脓溢出，收获时，病薯的芽眼上都粘有泥土，而看不见芽眼。块茎的切面可见维管束环呈褐色，不需用手挤压，儿分钟后即可见到切面处有白色菌脓溢出。

防治措施：由于青枯病的传染源和发生危害的环境比较复杂，因此，在防治上要采取综合措施。对于综合防治措施的应用还要因地制宜，在不同地区、不同栽培制度、青枯病的不同菌系、不同气候条件所采取的综合措施应各有侧重。首先应与禾本科作物实行 3 年以上轮作制，也可与大豆、葱、蒜等进行轮作，避免与茄科作物轮作。其次结合无病种薯播种进行整薯播种，可防止种薯切块的切刀传播青枯病和其他病害。最后加强田间管理，做好田间排水，防止水源污染。及时拔除病株和地下块茎，连同病穴的土一并带出田外，妥善处理，病穴处撒石灰消毒。发病初期选用农用链霉素、50％氯溴异氰尿酸可溶性粉剂（消菌灵）1 200 倍液或铜制剂灌根，每 7～10 天施药 1 次，连施 2～3 次，有一定效果，但不能根治。

（八）普通疮痂病

马铃薯普通疮痂病的病原菌是一种放线菌，目前大多数学者仍将其归类于真菌。土壤和带病种薯为初侵染来源，病原菌可以长期在土壤中营腐生性生活，在这样的土壤中种植马铃薯，一旦遇到适宜发病的条件，病菌的丝状体及其孢子便可通过块茎的皮孔、伤口侵入块茎。土壤中的放线菌种类很多，即使在长期未种过马铃薯的土壤中，一旦种植了马铃薯，遇到适宜发病的条件，仍然可以发生疮痂病。另外，带病种薯也是年复一年传病的重要途径。如种植了不抗病品种，加之栽培技术使用不当，收获时几乎所有块茎都会感染疮痂病，严重影响商品质量，但对产量影响较小。

症状：疮痂病主要感染块茎，最初的病斑是圆形的，直径 5～8 毫米，很少超过 10 毫米。当重复感染时，病斑扩大变成不规则形状，块茎病斑的颜色深浅不同，由黄褐色、浅褐色、深褐色到黑色。病斑的类型有两种，一种是黄褐色、肤浅的或网状的病斑，有时不很明显，一般病斑仅限于薯皮，不侵入薯肉；另一种是深褐色或黑色、病斑凹陷的坑状病斑，其深度可达 7 毫米。病斑扩大，严重破坏表皮组织，病斑中部凹陷，表面粗糙，形成疮痂状褐斑。

防治措施：

1. 种植抗病品种

种植抗病品种是防治普通疮痂病最有效的途径。我国通过引种或杂交育种等途径，选育出了许多抗病的品种，如育成的早熟品种中薯 3 号，以及大面积推广的费乌瑞它（又名鲁引 1 号、津引 8 号、荷兰 15 等）。

2. 种植无病种薯

播种带有疮痂病的种薯显著增加田间发病率，生产和种植无病种薯可大大降低疮痂病的发病率。

3. 实行合理轮作

大量事实表明，连作或轮作周期短的马铃薯，会使疮痂病发病率迅速增加。因此，应避免重茬马铃薯，也不宜在前茬易感疮痂病的甜菜、甘蓝、胡萝卜等地块上种植马铃薯。为减轻疮痂病的危害，应实行马铃薯与谷类作物 4～5 年的轮作。

4. 加强栽培管理

在块茎开始形成和膨大阶段维持较高的土壤湿度，避免土壤干湿不均，确保马铃薯有良好的生长势，可显著降低疮痂病的发病率。

5. 药剂防治

利用 8% 的代森锰锌粉剂处理种薯可降低疮痂病发病率。有试验证明，利用必速灭防治普通疮痂病有一定效果。据介绍，必速灭虽然是一种广谱性土壤消毒剂，但对疮痂病并不能彻底防治，因此，还需要配合其他栽培措施进行防治。

（九）蚜虫

蚜虫吸食寄主的汁液使植株变弱，含糖分泌物有利于黑色真菌在叶片上的生长。蚜虫在植株上的移动有效传递病毒性病害，有翅蚜虫能随风迁移较远距离传播病毒。

防治措施：蚜虫的许多天敌是有效的生物防治手段，如食肉性和寄生性昆虫（如瓢虫和黄蜂）以蚜虫为食，一些真菌可以引起蚜虫死亡。药剂防治应优先选择对蚜虫具有选择性而对其天敌影响较小的农药，如用50%的抗蚜威可湿性粉剂1 000～2 000倍液、20%氰戊菊酯乳油2 000倍液或40%乐果乳油1 000倍液进行叶面喷施。

（十）蓟马

蓟马是薄而小的昆虫（1～2毫米长），以叶片下表面细胞为食。植株因其变弱，叶片干枯，产量下降。受害后，其灰白色或棕色的蛹和更暗一些的成虫出现在叶片的下表面，且可看到银白色的小坑。

防治措施：蓟马种群在干旱条件下增加，故适时灌溉保持充足的水分是一种有效的防治方法。如果蓟马种群依然存在，则需要施用杀虫剂，可用40%辛硫磷乳油和40%乐果乳油1 500倍溶液进行叶面喷施。

（十一）二十八星瓢虫

二十八星瓢虫是低海拔地区的主要害虫。成虫、幼虫均能啃食马铃薯叶肉至仅剩叶脉和表皮，形成半透明网状细纹；严重时，植株渐渐变黄，整片田地焦枯，植株干枯而死。成虫有假死性，1龄幼虫有群集性，2龄后分散危害，随龄期增加，食量增大。

防治措施：成虫盛发时，利用其假死性进行人工捕杀，中午效果最好。采卵块，瓢虫的卵成块状，每块有卵数十粒，及时进行人工采卵是一种有效的防治方法。在越冬成虫发生期和1代幼虫孵化盛期进行药剂防治效果较好，可选用杀灭菊酯、敌敌畏（低温期）、马拉硫磷、敌百虫或乐果溶液喷雾。

（十二）马铃薯块茎蛾

马铃薯块茎蛾在田间和储藏期间都会侵害马铃薯，它们广泛分布于温暖、干旱的地区，也分布于高海拔地区。在温暖、干旱的条件下，危害尤为严重，如果储藏期间没有防治措施，危害更重。成蛾是灰褐色的，约 10 毫米长。由于蛾的种类不同，幼虫是米白色或者带有绿色或红色条纹的，可能达到 12 毫米长。幼虫在植株顶端或茎上生长、在叶片上掘洞、在田间生长于块茎上。在相对短的储藏期间就可能发生严重的危害。感染的块茎典型特征是在瘘状空洞的入口可见幼虫的排泄物。

防治措施：该虫害可以通过一些耕作措施来减轻，如不在最暖和、最干旱的季节种植马铃薯，调节灌溉，防止土壤干裂而导致蛾接近块茎，适当培土覆盖块茎，使用外激素诱捕和控制田间种群，偶尔使用选择性的杀虫剂。薯块特别是种薯在储藏期间，用生物制剂如苏云金杆菌或者其他杆状细菌处理。入窖前对薯窖进行消毒，如用 80%的敌敌畏乳油进行熏蒸，将长 0.5 米、宽 7 厘米左右的纱布浸泡在药剂中，每隔 1 米距离挂一条，然后封闭窖门，熏蒸 7~10 天即可。

（十三）地老虎

地老虎是数种夜蛾的幼虫，能将幼小植株的茎咬断。健壮的灰色幼虫可长达 5 厘米，白天潜伏在植株的基部。靠近地表的块茎偶尔也会被侵害。地老虎同一科的某些种类偏好以叶片为食，这些幼虫的后背有很明显的斑点和线条状。

防治措施：点状或田间局部感染很典型时，可以集中施用杀虫剂。如使用 90%敌百虫晶体 800 倍液、40%辛硫磷乳油 800 倍液、2.5%溴氰菊酯乳油 2 000 倍液和 5%来福灵乳油 2 000 倍液喷施，对防治 1~3 龄幼虫非常有效。对 3 龄以上的幼虫或成虫，可在黄昏时将含有糠、糖、水和杀虫剂的毒饵放在植株的基部进行诱杀。

（十四）金针虫

金针虫是温带地区常见的害虫。幼虫生长在地下，胸部长有小足、细小且有光泽，可长达 25 毫米。幼虫使块茎表面产生不规则的浅坑，但不生长在块茎内部。

防治措施：金针虫以不同作物的根系为食，特别喜食牧草植物。因此，在牧草区种植马铃薯以前，必须通过适当的翻耕或与其他需要经常耕作的作物轮作而减少土壤中的金针虫种群。在金针虫危害严重时，每亩可用 40％辛硫磷乳油 200～250 毫升加细土 25～30 千克，播种时撒施在种薯旁边。

（十五）蛴螬

蛴螬是大黑金龟子的幼虫，可长达 5 厘米。它们有健壮而卷曲的身体，且有胸部小足。受害的块茎形成较深的空洞。

防治措施：深耕使害虫暴露在不利的环境下，如日晒和霜冻，且易被捕食它们的鸟类发现。这种害虫不易通过使用杀虫剂来防治。每亩用 40％辛硫磷乳油 200～250 毫升加细土 20～30 千克，播种时撒施在种薯旁边，可以起到一定的防治效果。

（十六）螨虫（红蜘蛛）

螨虫极小，用显微镜才能看见，以叶片的细胞为食。螨虫使叶片出现棕褐色而导致出现失绿斑块，侵染严重时会导致叶片和植株萎蔫。

防治措施：必须避免温暖、干燥、灌溉不足、过度使用杀虫剂以及对螨虫天敌生存环境的破坏。螨虫危害严重时（每叶达 2～3 头时），则需要使用特殊的杀螨剂，如用 40％螨克（双甲脒）乳油，加水配制成 1 000～2 000 倍液喷洒叶片。

（十七）潜叶蝇

潜叶蝇能侵害许多作物，在过度使用杀虫剂杀死其天敌的地区是一种严重发生的马铃薯害虫。这种蝇体形小，其幼虫在叶片内部钻出很多坑道，干燥以后将导致植株死亡。它们没有头或足，卵袋在幼虫的内部形成，然后掉落到地面。

防治措施：潜叶蝇通常较容易受自然天敌的影响，应避免过早施用广谱和长效杀虫剂杀死其天敌。成虫可以用有黏性的黄色诱捕物来收集。斑潜净是一种很有效的药剂，每亩用量 25～60 克稀释为 1 000～2 000 倍液。施药时间最好在清晨或傍晚，忌在晴天中午施药。施药间隔 5～7 天，连续用药 3～5 次，即可消除潜叶蝇的危害。

第十五节 甜菜膜下滴灌高产栽培技术

一、选地

甜菜不同于禾本科作物，主要依靠块根丰产，其根体肥大、根系发达，需水需肥多，生物产量高。对土壤理化特性要求比较严格，因此在选择地块时应注意选择地势平坦、土层深厚、疏松肥沃、有机质含量高、灌排方便的中性或微碱性（pH 为 6.5～7.5）土壤。甜菜忌重迎茬，以玉米、小麦、亚麻、马铃薯茬为宜，应实行轮作制，以 4～5 年为一个轮作期。

二、机械深翻细整地

甜菜是深根作物，深厚的耕层、良好的土壤结构是获得高产的关键。最好进行秋翻地、秋整地、秋施有机肥。提倡机械深翻 25～35 厘米，秋季深翻前全层施入发酵好的有机肥 2～3 米³，秋翻时翻入土中。总的要求是适时耕翻，精细平整，疏松土壤，上虚下实，清除杂草根茬，无坷垃，结合施肥，达到深、松、细、平、净、肥的标准。冬季镇压，早春耙磨，防止失墒。雨水到惊蛰之间镇压 2～3 次。

三、增施有机肥

提倡增施有机肥，每亩施农家肥 2 000～4 000 千克。农家肥或有机肥在播种前整地时，均匀撒于地面上，旋耕入土。质量好、肥效高的腐熟鸡粪或饼肥，也可于播种时与化肥混合集中施于播种沟内做种肥。

四、测土配方施肥

甜菜耗肥量大，吸肥力强，吸肥期长。推荐每亩施 40～50 千克甜菜专用肥（比例为 12：10：18，总养分 40%），硫酸钾（K_2O 50%）12 千克。根据地力、苗情，可在间苗到封垄前，结合滴灌追施尿素 20 千克左右、硫酸钾（K_2O 50％）5 千克。

五、良种选用及播前处理

选择适应性强、丰产、高糖、抗病的优良品种，是丰产丰收的关键，要求出芽率 95％以上、净度 98％以上，种子质量达到国家二级以上良种标准。播种前可用 1 千克 35％甲基硫环磷乳油兑水 50 千克，与 50 千克种子混合均匀后闷种 24 小时，阴干后播种。

六、栽培方法

（一）纸筒育苗移栽

甜菜纸筒育苗移栽是一项高产栽培技术。其生育期较大田直播延长 35～40 天，有效利用苗床≥10 ℃有效积温 350～400 ℃。可解决高寒地区甜菜积温不足的问题，促使甜菜大幅度增产。

1. 物资准备

（1）纸筒。标准纸筒有两种：长 13 厘米、宽 1.9 厘米；长 15 厘米、宽 1.9 厘米。在标准纸筒短缺的情况下可人工糊制长 13 厘米、宽 3 厘米的纸筒。

（2）育苗棚。育苗棚可采用大棚。为了节省育苗成本可采用隧道式小棚，小棚规格宽 2 米，高 80～100 厘米，长度依移栽面积而定，一般 20 延米可移栽 1 公顷，育苗与移栽面积比为 1：250。

（3）床土和肥料。每育 1 亩苗用床土 250 千克、腐熟粉碎马粪或草炭 18～24 千克、磷酸二铵 0.4 千克、三料磷肥 0.67 千克、硫酸钾 0.1 千克。

（4）种子。每亩苗床用种量为：机械磨光多芽种 250 克，机制单芽种或遗传单芽种 80～120 克，包衣单芽种 250～300 克。

（5）其他物品。6～8 毫米铁筛、喷壶、喷雾器、墩土机或墩土板、刮土板、播种板、镊子、温度计、消毒计、移栽机或手持移栽机、草苫。

2. 育苗方法

（1）育苗棚的设置。育苗场地选择背风、向阳、平坦、靠近水源的位置。采用大棚育苗时，可 3 月中旬扣棚，采用小棚育苗应视育苗场地和规模备好材料。

（2）育苗时期。垦区适宜的育苗时期为 3 月下旬至 4 月初，移栽适宜苗龄为 40～45 天。

（3）床土准备。准备秋季或早春取肥沃的麦茬表土（至少 5 年没种甜菜），每亩用量 250 千克，过 8 毫米筛，加入腐熟粉碎马粪或草炭 18～24 千克、磷酸二铵 0.4 千克、三料磷肥 0.67 千克、硫酸钾 0.1 千克。50% 敌磺钠可湿性粉剂 18 克混拌均匀，人工混拌 5 次，用搅拌机混拌效果更好。用于床土消毒的药剂还有恶霉灵，用药量为床土量的 0.4%～0.5%。

（4）床土水分调节。对配置好的床土进行水分调整，要求土壤湿度在 20%～25%。即用手捏成团、落地散开为宜。

（5）播种。固定并展开纸筒，将上部倒置稳固在突起板上，再安放到墩土板上，装土、墩土同时进行，边装边墩，墩实为止，采用手动墩土机效果更好，墩土作业上下振动 10 次为宜。纸筒育苗移栽最好采用机制单芽种或遗传单芽种，发芽率不低于 85%。用播种板播种，每个纸筒平均 2 粒。将拌药后的床土均匀覆盖在种子上，用刮土板刮平，露出纸筒边缘。将播完的纸筒紧密排列在床面上，放平、放直，将排列好的纸筒周围培好土，培土高度以不超过纸筒为宜，浇水应连浇 3 次，浇透为止，有条件用 30 ℃ 温水浇灌，浇水结束后趁外界气温较适宜时立即扣棚，棚布四周用土封严，为了防止大风毁棚可在育苗场设置风障或在棚布上加盖网罩。

3. 苗床管理

（1）水分管理。移栽前一天浇透水，以利于田间缓苗。幼苗出齐后防治立枯病，喷洒多菌灵稀释液。

（2）温度调节。播后到出苗前，苗床温度白天 25 ℃、夜间不低于 10 ℃，育苗初期外界气温低，采用大棚育苗最好在大棚内扣小棚或盖塑料薄膜，采用小棚育苗应在 15:00—16:00 加盖草苫等覆盖物。出苗到子叶展开阶段，白天棚温 20 ℃、夜间不低于 5 ℃，此期白天要经常检查棚温，控制不超过 25 ℃，否则会造成幼苗胚轴过长，形成徒长苗。子叶展开到移栽前一周，白天棚温 15～20 ℃、夜间不低于 5 ℃即可，后期外界温度升高，白天要注意通风降温，夜间及时覆盖，防止冻伤。移栽前一周以炼苗为目的，白天可全部敞开，夜间覆盖，如无特殊寒冷天气可昼夜敞开。

（3）苗期病害防治。幼苗出齐后应注意观察立枯病，一旦发生，及时喷洒敌磺钠或恶霉灵。

（4）间苗及追肥。幼苗两片叶子展开后及时间苗，间苗要用镊子将地上部分截掉，不用手拔苗。移栽前 3～5 天看苗情追肥，一般用 0.05％的尿素液喷洒，即尿素 5 克加 10 千克水。

4. 移栽作业

（1）移栽田准备。移栽田最好采用麦茬伏翻秋整、秋起垄，保证移栽时土壤疏松、底墒足，便于移栽作业和幼苗成活。

（2）施肥方法及用量。秋施肥采用垄包肥，每亩施磷酸二铵和三料磷各 10 千克，硫酸钾 10 千克，移栽结合第一遍中耕培土，每亩追尿素 10 千克。春起垄应抓紧时机，顶浆起垄。

（3）移栽时期。移栽时期在 5 月中下旬。

（4）移栽。移栽作业采用移栽机效果好、效率高。在没有移栽机的条件下，可用手持移栽器。移栽作业要保持纸筒直立并与土壤紧密接触，深度以纸筒上缘与地表平齐为准。移栽前大小苗分开、分别移栽，便于对弱苗管理。

（5）水分管理。坐水移栽后喷灌可大幅度提高产量，如能保持土壤绝对含水量在 25％以上，不进行灌水也能达到预期的产量。

（6）病虫害防治。纸筒育苗移栽可有效防治跳甲，但仍要注意及时防治生长期间的虫害。育苗移栽田的褐斑病发生时间较直播田略提前，应注意早防。

（二）直播移栽

1. 适时播种

一般要求 5 厘米处地温连续 5 天稳定通过 5 ℃时即可播种。建平县一般在 4 月中旬前后进行播种。

2. 垄作栽培

垄作较平作栽培可增产 10％以上，含糖率提高 0.5％～1％。行距 50 厘米，垄高一般为 12～15 厘米，覆土 3～4 厘米为宜，播种后及时镇压。种植密度因地而异，上等肥力地每亩保苗 4 500～5 000 株，中等肥力地每亩保苗 5 000～5 500 株，下等肥力地每亩保苗 5 500～6 000 株。

3. 铺设滴灌管带、覆膜

根据土壤质地，可选用一膜两管或一膜一管的铺管方法，播种、铺管、覆膜一次完成。滴灌管应尽量放松扯平，自然畅通，不宜拉的过紧、不宜扭曲，每隔 3～5 米压土固定，然后覆膜。覆膜要求用 0.01 毫米厚、90 厘米幅宽的地膜。覆膜时要拉紧铺平，使膜紧贴垄面，每隔 2～3 米横压一土带，防止大风揭膜。

七、田间管理技术

1. 及时放苗

出苗后，要及时破膜放苗，以防高温烧苗。苗放出后要压实苗眼土。发现缺苗断垄，应及时补种、补苗。

2. 疏苗定苗

放苗的同时进行疏苗，每埯留苗 2～3 株。当幼苗长出 2 对真叶时进行定苗，拔掉病苗、弱苗、杂苗，选留大苗、壮苗。每亩保苗 5 500～6 000 株。苗期应及时培土，以免风害伤苗。及时清除杂草，并对破损地膜及时进行压土等，防止水分散失、大风揭膜现象的发生。

3. 肥水管理

甜菜适宜追肥期在植株长出 8～10 片叶时，将要追施的尿素和硫酸钾放入施肥罐中，结合滴水一并滴灌。甜菜是需水较多的作物，整个生育期间根据土壤墒情、天气及甜菜不同时期的需水规律进行 3～5 次滴灌。甜菜苗期需水量少，在不缺水的情况下，应适当蹲苗。头水晚滴灌，可促进根系下扎。一般中午部分叶片萎蔫下垂、夜晚恢复正常时为最佳滴灌时间，每次滴水时间 4～6 小时。在糖分积累时期应控制滴灌水量，如果后期水分过多，易形成大量新叶，从而降低含糖率。在收获前 10～15 天应停止滴灌。

八、病虫害防治

1. 立枯病

每 100 千克种子加 100 升水＋50％福美双可湿性粉剂 800 克，闷种 24 小时后，再用 70％恶霉灵可湿性粉剂 500 克或 15％恶霉灵水剂 2 300 毫升＋益微 100 克混合拌种。

2. 象甲、跳甲等

可用 8％的敌敌畏乳油或 50％的甲基硫环磷乳剂 500～1 000 倍液喷雾，还可用 80％敌敌畏乳油或 50％久效磷乳油 500～800 倍液喷施。

3. 根腐病、褐斑病和白粉病

用 50％多菌灵可湿性粉剂 500～800 倍液或 70％甲基硫菌灵可湿性粉剂 1 000 倍液喷雾，隔 7～10 天喷 1 次，共喷 2～3 次。白粉病还可选用粉锈宁进行喷施防治。

4. 甘蓝夜蛾和草地螟

甘蓝夜蛾是甜菜生长期的主要害虫，要做好每日预测，务必在 3 龄前进行喷药防治。用 2.5％溴氰菊酯乳油 2 000～4 000 倍液或用 4.5％氯氰菊酯乳油 2 000～3 000 倍液喷雾防治。

九、适时收获

10 月上旬，甜菜多数叶片变黄、外层叶片枯死、心叶散开、叶片下垂并有光泽时，块根重量和含糖量达到最高水平，应当及时收获。

在收获前应将滴管和支管、副管收回存放，同时将地膜清除出甜菜地，以利于机械起拔甜菜，减少地膜污染，做到随挖、随拾、随切削、随装运。

第十六节　高粱高产栽培技术

高粱属于禾本科高粱属，是中国最早栽培的禾谷类作物之一。按品种，高粱有早熟品种、中熟品种、晚熟品种之分，又有常规品种、杂交品种之分；按口感有常规、甜、黏之分；按株型有高秆、中高秆、多穗等之分；按高粱秆还有甜与不甜之分；按性状及用途可分为食用高粱、糖用高粱、帚用高粱等类别；按用途可分为粒用高粱和秸秆高粱，秸秆高粱主要是指高粱的转化品种甜高粱。高粱是建平县主要旱田作物之一，具有抗旱耐涝、耐盐碱、适应性强等特点，由于近年人们膳食结构改变，高粱米再度"受宠"，成为人们比较喜欢的主食之一，适当扩大高粱种植面积，可实现农作物的轮作倒茬，均衡利用土壤养分，减轻病虫害的发生，其主要栽培技术措施如下。

一、选地

高粱对土壤适应能力较强，但经分析，各地高产地块的土壤都具备耕层深厚、结构良好、有机质含量丰富、质地和酸碱度适宜等特点。高粱忌重茬和迎茬，重茬和迎茬会加重病虫害，尤其是黑穗病及炭疽病加重效果更严重，此外重茬还不利于合理利用土壤养分，使高粱茬养分不均衡，植株生长发育差、产量降低，实行合理轮作可消除这些不利因素的影响。高粱的适应性和耐瘠薄能力较强，以多种作物作为前茬都可获得较高的产量，但是不同的前茬，获得的产量有明显的差别。前茬以大豆最好，玉米、花生、马铃薯等作物次之。

二、精细耕作

根据高粱对土壤的要求，应在秋季前作物收获后抓紧进行整地做垄，以利于蓄水保墒，延长土壤熟化时间，达到春墒秋保、春苗秋抓的目的。耕深25～30厘米，均匀一致，不漏耕、重耕，消灭立垡和大垡条，耕后要连续进行耙地、镇压整地作业。力争秋季起垄，垄距 45～50 厘米为宜，未及时起垄的，春季应抓紧进行顶浆做垄，以保蓄冬季积蓄于土壤表层的大量水分，供种子发芽，为一次播种保全苗打下基础。

三、优选良种

选用良种是经济有效的增产措施。根据生育期选育品种，品种的生育期必须适应当地的气候条件，既能在霜前成熟又不宜过短，充分利用生长季节提高产量。应选择抗逆性强、丰产性好、品质佳、适应当地自然和生产条件的优良高产品种，并要求种子纯度高、籽粒饱满、生命力强、发芽率高，如沈杂 5 号、辽杂 17、辽杂 4 号、赤杂 16、吉杂 210 等。

四、种子处理

1. 发芽试验

播前进行发芽试验是确定播种量的依据，种子发芽率在 95％以上时才能做种。

2. 选种、晒种

播前应将种子进行风选或筛选，选出粒大饱满的种子做种，并进行晒种，播后出苗率高、发芽快、出苗整齐，种苗健壮。

3. 浸种催芽

用 55～57 ℃温水浸种 3～5 分钟，晾干后播种，有增墒保苗与防病的作用。

4. 药剂拌种

为防止高粱黑穗病，可用 60％吡虫啉悬浮种衣剂＋40％萎锈灵·福美双悬浮种衣剂或克百威·戊唑醇拌种。

五、播种

1. 播种期

高粱的播种期主要受温度和水分的影响。高粱发芽的最低温度为 7～8 ℃，一般以土壤 5 厘米处地温稳定在 10～12 ℃时播种较适宜。同时，还应根据土壤墒情确定播种期，适宜高粱种子发芽的土壤含水量因土壤种类不同而不同。一般壤土含水量为 15％～17％，黏土含水量为 19％～20％。所以要根据温、湿条件确定高粱播种时期，一般年份最佳时间是 5 月 5—10 日。

2. 密度与用种量

根据土壤肥力条件来确定播种密度，一般在土壤肥沃、水肥充足、能够满足单位面积上较多植株生长发育需要的情况下，种植密度应大些，有利于提高产量；而土壤贫瘠、施肥水平又低的，种植密度应小些。按照土壤肥力确定高粱种植密度原则：肥地宜密，薄地宜稀。由于高粱在高肥水条件下易生长繁茂，密度也不宜太大。一般杂交种高粱品种适宜密度为 5 500～8 000 株/亩，常规品种为 5 000～6 000 株/亩，高秆甜高粱、帚用高粱为 4 500～5 000 株/亩。一般每亩用种量 1～1.5 千克。

3. 种植方式

建平县高粱的种植方式主要有等距条播、穴播。其中等距条播是最主要的种植方式，行距一般为 45～50 厘米。

六、施肥技术

1. 基肥

增施基肥能提高土壤肥力，又可以保证高粱苗期的生长需要，为中后期打下良好的基础，使高粱在整个生育期可以不断地从土中摄取所需的养分。基肥以农家肥为主，配合施用过磷酸钙、尿素或复合肥，通常占总施肥量的 70％～80％。一般每亩需施有机肥 2 000～3 500 千克、过磷酸钙 30～40 千克、尿素 10 千克或复合肥 30～40 千克，采取条施或撒施。

2. 追肥

生育期需追肥 2～3 次，即提苗肥、拔节肥、孕穗肥。

提苗肥：定植成活后，根据幼苗生长状况，用淡粪水兑少量尿素追肥。一般每亩施用尿素 5～10 千克。

拔节肥：拔节肥通常在高粱 10 叶期施用，每亩用尿素 20 千克。

孕穗肥：孕穗肥通常在 13～14 叶期施用，每亩用尿素 10 千克。

七、田间管理

高粱的田间管理主要包括间苗、中耕、除草、追肥、灌溉、防治病虫害，以及防御旱、涝、低温、霜冻等自然灾害，以保证高粱正常生长发育。

1. 苗期管理

出苗后 3～4 片叶时进行间苗，5～6 片叶时定苗，这样可以减少水分和养分消耗，促进幼苗稳健生长，定苗后进行蹲苗，可使高粱生长健壮，抗旱、抗倒伏能力增强，能获得较高产量。中耕 2 次，第一次结合定苗进行，10～15 天后进行第二次。可保墒提温，发根壮苗，又可消灭杂草，减轻杂草危害。

2. 中期管理

拔节到抽穗田间管理的主要作用是协调好营养生长与生殖生长的关系，在促进茎、叶生长的同时，充分保证穗分化的正常进行，为实现穗大、粒多打下基础。这一时期的田间管理包括追肥、灌水、中耕、除草、防治病虫害等。追肥是田间管理的主要技术措施，在肥料施用上，要掌握高肥力地块需促控兼备，肥力差的地块应一促到底。

3. 后期管理

抽穗至成熟期以形成高粱籽粒产量为生育的中心，田间管理的主要任务是保根养叶、防止早衰、促进早熟、增加粒重。田间管理主要包括合理灌溉、施攻粒肥、喷洒促熟植物激素或生长调节剂等。对高粱起促熟增产作用的植物激素主要有乙烯利、石油助长剂、三十烷醇等。

八、适时收获

高粱适宜收获期为蜡熟末期，此时籽粒饱满，淀粉含量高，穗用手捏完全无浆后就应及时收割以免过度成熟减产，一般在 10 月

1 日以后收获。

第十七节　大豆高产栽培技术

大豆起源于中国，具有很高的营养价值和保健功能。建平县地处辽宁西部，属半干旱区，有着得天独厚的生产大豆的条件。纬度高，大豆生育期间光照时数较长；昼夜温差大，有利于脂肪合成，大豆品种含油量高。现将建平县大豆高产高效栽培技术介绍如下。

一、品种选择与种子处理

（一）品种选择

选择优质、高产、熟期适宜、抗病性强、抗逆性强的高油品种，如开交 8157、铁丰 31、铁丰 29 等。

（二）种子精选

种子播前应进行精选。用大豆选种机或人工精选，剔除病斑粒、虫食粒、破碎粒及杂质，种子纯度不低于 98％，净度不低于 99％，发芽率不低于 85％，含水量不高于 13.5％。

（三）种子处理

1. 种子包衣

播种前用已登记的大豆种衣剂包衣，防治地下害虫、根腐病等病虫害。

2. 微肥拌种

未包衣处理的种子可用钼酸铵、硼砂等进行拌种。

二、轮作与耕整地

1. 轮作

种植大豆不宜重茬和迎茬，也不宜和其他豆类作物轮作。应与非豆类作物实行三年以上（含三年）合理轮作，即在一块地种植粮食作物两年以上再种植大豆比较适宜，不重茬，不迎茬，大豆对前茬作物要求不严格，以具有施用有机肥基础的谷类作物最好。在玉米种植比例大的乡镇，可以实行玉米-玉米-大豆三年轮作制；在杂粮种植面积大的乡镇，可以实行玉米-谷子（或高粱）-大豆三年轮作制。

2. 耕整地

实行秋翻或耙茬深松整地，耕翻深度 18～20 厘米，翻耙结合，无大土块，无暗坷垃，春整地要做到翻、耙、压连续作业。

三、施肥

1. 有机肥

肥力中低等的地块，每亩地施用腐熟的有机肥 1 000～1 500 千克，肥力较高的地块每亩地施用 500～1 000 千克，结合整地做底肥一次性施入。

2. 化肥

推广应用测土配方施肥技术，氮、磷、钾肥搭配。建议每亩施用磷酸二铵 10～12 千克加硫酸钾 8～10 千克或氯化钾 6～8 千克做底肥，每亩施用 5～7 千克尿素做追肥。

3. 施肥方法

底肥施于种下侧 5 厘米、深 3 厘米处或施于种下 7～14 厘米处，切忌种肥同位，以免烧种。追肥在大豆初花期，撒在大豆根际，结合铲趟将其掩埋，也可以结合灌溉撒施在大豆行间。如果肥料不足可在鼓粒期进行根外追肥，一般用尿素 0.5 千克、过磷酸钙 1.5 千克、硫酸钾 0.25 千克加水 50 千克喷洒于叶片上，最好在阴天或晴天 16：00 以后喷施，7 天喷一次，连续 3 次即可见效。

四、播种

1. 种植方式

采用清种或大比例间种、套种等种植方式。

2. 播期

在地温稳定通过 7～8 ℃时开始播种，一般在 4 月 25 日至 5 月 10 日。

3. 播法

窄行平播，行距 40～45 厘米，做到播种、起垄、镇压连续作业，等距穴播，一般穴距 18～24 厘米，每穴 2～3 粒。

4. 播种量及密度

一般每亩播种量 3.5 千克左右。密度根据品种特性、水肥条件及栽培方式而定。分枝多、上部叶片大的有限结荚习性品种，每亩留苗 8 000～10 000 株，分枝少、上部叶片小的无限或亚有限结荚习性的品种，每亩留苗 10 000～12 000 株。同一品种，在土壤肥力高的地块宜稀植，肥力低的地块宜密植。

五、田间管理

1. 间苗

在 2 片对生真叶展开后至第一片复叶完全展开前进行人工间苗，拔出弱苗、小苗、病苗，按计划密度一次定苗。

2. 及时灌水

在开花或鼓粒期若遇干旱，应及时灌水 2～3 次。

3. 铲趟

及时铲趟，做到两铲三趟，铲趟伤苗率应小于 3%，后期在草粒尚未成熟前拔净大草。

4. 病虫害防治

适时防治病虫害，尤其是在 8 月中旬要及时防治病虫害，大豆食心虫用菊酯类的农药防治，如高效氯氰菊酯等。当田间发现红蜘蛛时，用 1.8% 的阿维菌素乳油兑水 20～25 千克喷雾，防治蚜虫可用 10% 吡虫啉可湿性粉剂每亩用量 20 克兑水 20～25 千克喷雾。

六、收获

实行分品种单独收获、单储、单运。人工收获，落叶达 90% 时进行；机械联合收割，叶片全部落净，豆粒规圆时进行。收割时要求割茬低，割茬高度以不留底荚为准，一般 5～6 厘米。收获后晾干并及时脱粒，脱粒时间过迟，则易发生炸荚，造成损失，脱粒时豆荚不要过于干燥，否则容易出现较多破碎豆瓣，影响大豆风味及商品等级。

第十八节　绿豆高产栽培技术

绿豆生育期短、适应性强、苗期生长快，适于在丘陵地区与各种旱地作物间作套种，也可与高秆作物如玉米、高粱间混作。建平县丘陵地区绿豆高产栽培技术要点如下。

一、选地

绿豆适应性特别强，一般在沙土、山坡薄地、黑土、黏土上均可生长。绿豆常与玉米、高粱、甘薯、芝麻、谷子等作物间作，也可种于田埂及间隙地等。绿豆忌连作，因连作病虫害多，品质差，更因有害微生物繁衍会抑制根瘤菌的发育。同时，绿豆也是重要的肥地作物，是禾谷类的优良前茬。所以，种绿豆要合理安排土地，实行轮作倒茬，最好与禾谷类作物如玉米、高粱、小麦倒茬，不宜以大白菜为前茬，一般相隔2～3年为好。

二、整地

由于绿豆是双子叶作物，子叶出土，幼苗顶土能力弱，如果土壤板结或土坷垃太多，易造成缺苗断垄或出苗不齐的现象。因此，播种前，要求深耕细耙，精细整地，耙平土坷垃，使土壤疏松，蓄水保墒，防止土壤板结，上虚下实，以利于出苗和实行轮作倒茬。

三、选用优良品种

选用粒大、皮薄、硬实率低、好煮易软、口感好、丰产性能好的品种，如中绿1号、中绿2号、冀绿2号、豫绿2号等。

四、适期播种

绿豆可以春播和夏播。春播在4月下旬至5月上中旬，夏播在6

月中下旬，要力争早播。绿豆喜温，适宜的出苗和生长温度为15～18℃，生育期需要较高的温度。在8～12℃时开始发芽。开花结荚期间一般温度在18～20℃最为适宜，温度过高，茎叶生长过旺，会影响开花结荚。绿豆在生育后期不耐霜冻，气温降至0℃以下，植株会冻死，种子的发芽率也低。因此，夏播绿豆必须注意适时早播，以便在低温早霜来临之前正常成熟。每亩播种量一般在1.5～2.0千克，播种深度在3.0～5.0厘米为宜。

五、合理密植

绿豆的种植密度应随品种特性、土壤肥力而定。一般应掌握早熟品种密，晚熟品种稀；直立型密，半蔓生型稀，蔓生型更稀；肥地宜稀，瘦地宜密；早种稀，晚种密的原则。绿豆一般早熟品种、低水肥地块的适宜密度为1.2万～1.3万株/亩，每米间距保苗11～15株；中熟品种，中等水肥条件的适宜密度为1万～1.1万株/亩，每米间距保苗8～10株；晚熟品种、高水肥条件的适宜密度应为0.8万～0.9万株/亩，每米间距保苗7～8株。

六、田间管理

为了保证绿豆在苗期生长整齐，群体发育良好，多现蕾多开花多结果，荚大粒多粒大，高产优质，要做到"六个及时"。

1. 及时镇压

播种后对播种墒情不好的地块，要及时镇压、随种随压，使种子与土壤密切接触，增加表层水分，促进种子发芽和发育，早出苗、出全苗。

2. 及时查田补苗

在绿豆出苗后，发现有缺苗断垄现象，应在7天内补种完毕。

3. 及时间苗、定苗

为使幼苗个体发育良好，要及时间苗、定苗，当绿豆出苗后达到2叶1心时，要剔除疙瘩苗。4片叶时定苗，株距在13～16厘米，单作行距在40厘米左右为宜。按既定的密度，去除弱苗、病苗、小苗、杂苗及杂草，留壮苗。实行单株留苗，有利于植株健壮生长。

4. 及时中耕除草

不仅能消灭杂草，还可破除土壤板结、疏松土壤，减少蒸发，提高地温，促进根瘤活动，是绿豆增产的一项有效措施。一般在绿豆第一片复叶展开后，结合间苗第一次浅锄；在第二片复叶展开后，开始定苗并进行第二次中耕；到分枝期进行第三次深中耕，并进行封根培土，中耕应进行到封垄为止。中耕深度应掌握浅—深—浅的原则。

5. 及时灌水、排水防涝

绿豆是需水较多、不耐涝、怕水淹的作物。绿豆幼苗期抗旱性较强，需水较少；花荚期是需水高峰期，此时如遇干旱应及时灌水。但绿豆又怕涝怕淹，如苗期水分过多会使根部病害加重，引起烂根死苗；后期遇涝，植株生长不良，出现早衰，花荚脱落，产量下降。因此，绿豆在雨季要排水防渍。

6. 及时做好病虫害的防治

主要防治根腐病、病毒病、蚜虫、菜青虫等病虫害。

七、合理施肥

绿豆的施肥原则：以有机肥为主，无机肥为辅，有机肥和无机肥混合施用；施足基肥，适当追肥。施肥技术：绿豆的生育期短、耐瘠性强，其根系又有共生固氮能力，生产上往往不施肥，但为了提高中低产地块的绿豆产量，应该增施肥料。一般每亩施种肥磷酸二铵或氮磷钾复合肥 10 千克左右。绿豆追肥最好在开花期结合封垄一起进行。每亩可追施尿素等氮肥 3～4 千克，硫酸钾 7～8 千克。较瘠薄的地块，在结荚期可进行根外追肥，叶面喷施磷酸二氢钾、富尔 655、绿风 95、邦尔一遍丰等植物生长剂，增产效果较明显。在肥力较高的地块，苗期应以控为主，不宜再追肥，氮肥过多会导致营养生长过旺，茎叶徒长，田间荫蔽，植株倒伏，落花落荚严重，降低绿豆的产量。绿豆根瘤菌虽有固氮能力，但增施农家肥和磷、钾肥，有明显增产效果。农家肥可在播种前一次性施入，施后耕翻入土。如来不及施底肥，在生长前期即分枝，始花期要施入一定量的氮肥、磷肥，以增强根瘤菌固氮能力和增加花芽分化。增施有机肥，接种根瘤菌，改进施肥方法，提高化肥的利用率。

八、及时收获

绿豆成熟参差不齐，应根据情况随熟随采。大面积种植情况下常需一次收获，应以绿豆全部荚果的 2/3 变成褐黑色为适时收获标志。在高温条件下，成熟荚果易开裂，应在早晨露水未干或傍晚时收获。采收的豆荚经晒干、脱粒、清选后即可入仓储藏或出售。

第十九节　食用向日葵高产栽培技术

食用向日葵，俗称葵花籽，籽粒含蛋白质 21%～30%，含油28%～32%，出油率 22%～26%，是食用植物油的主要原料之一。葵花籽除食用外，在医药和工业上也有广泛的用途。向日葵的花盘是喂猪的好饲料，也是良好的蜜源，可发展养蜂事业。食用向日葵栽培技术如下。

一、选地

向日葵具有抗旱、耐瘠、耐盐碱的特性，一般耕地及荒地均可种植，高产田应选择土层深厚、肥力中等、灌排方便、土壤黏性相对较小的地块。但不宜连作，前茬作物以小麦、豆类及玉米茬为好。要求轮作周期 3～4 年，在有向日葵列当和霜霉病严重的地区，轮作周期应在 5～8 年。

二、整地施肥

向日葵为深根系作物，因此种植的地要深耕，深度达到 30 厘米左右，要在播前精细整地，施足底肥，要求播前无根茬，重施基肥，深施化肥。秋季深翻 25～30 厘米，每亩施农家肥 1～2 米^3，播前整地，做到地平、土碎、墒情均匀一致。食用葵生育期较长，而且植株高大，在播前每亩深施磷酸二铵 10～15 千克，钾肥（氯化钾或硫酸钾）7～8 千克，或者氮磷钾三元复合肥 15～20 千克。化肥施用时与种子保持 3 厘米左右距离，以免烧苗。

三、播前准备

1. 种子的选择

要求向日葵种子纯度 96％、净度 97％、发芽率 85％、含水量 12％。

2. 种子的处理

播前应晒种 2～3 天，可用向日葵专用种衣剂拌种，按说明书使用。

四、适期播种、合理密植

（一）播种期

一般在 10 厘米土层温度连续 5 天达到 8～10 ℃时即可播种，建平县最适宜播种期为 5 月 20 日至 6 月 5 日。

（二）密度与品种

土质、肥力、灌水条件较好，植株较高的宜稀；土质较差、土壤瘠薄、施肥较少，植株较矮的宜密。食用品种植株高大，叶片繁茂，生长期长，宜稀植；每亩保苗 1 200～1 300 株；应选择优质、高产、抗逆性强的品种。建平县应用的主栽食用花葵品种有黑白边、三道眉、寸葵、白花葵、星火花葵等。一般行距 60～70 厘米，株距 70 厘米。

（三）播种方式

播种时土壤墒情要好，播种深度 4～5 厘米为宜。播种方式有人工穴播、机械播种及精量点播 3 种。

1. 人工穴播

人工穴播是先合垄后镇压，在垄台上开沟点播，每穴 2～3 粒。

2. 机械播种

用玉米、大豆等播种机可以播向日葵，黏土地播深 3～4 厘米，沙壤土地、沙质土地播深可达 4～6 厘米。

3. 精量点播

每穴 1～2 粒。干旱地区可采取深种浅覆土的方法，将种子播在墒情较好的湿土上。

播种量根据品种特性和栽培要求确定，一般人工点播每亩需种 0.8 千克，机播需种 0.7 千克。

五、田间管理

（一）苗期田间管理

1. 查苗补种

向日葵播种后一般 15 天左右出苗，遇低温霜冻天气出苗在 20 天以上，要及时查苗，大片缺苗要及时催芽补种。对缺苗少的地段，在 1 对真叶时进行带土坐水移栽。

2. 定苗铲趟

1 对真叶时进行浅锄，深度 5 厘米，2 对真叶定苗进行深锄，苗高 50～70 厘米时结合深锄培土 10 厘米左右。全生育期中耕 2 次。第一次中耕在 1～2 对真叶时结合间苗定苗进行，深度 15 厘米；第二次中耕在定苗后 1 周结合开沟、施肥、培土进行，深度 20 厘米。

（二）中后期田间管理

食用向日葵比较耐旱，采用沟灌方式，以减少每次灌水量的方法可有效防止倒伏。一般株高 1.5 米的品种，灌头水应在花蕾直径 4～5 厘米时进行，二水在初花期，三水在灌浆期。株高 2 米左右的品种，灌头水在开花前 4～5 天进行（旱情严重，灌水提前），二水在头水后 6～7 天，三水在灌浆期。8 月上旬灌浆期视降水、风力情况而定。

追肥：结合浇水，每亩追尿素 15～20 千克，时间在 6 月下旬，通过开沟培土，保证次生根生长发育，防止倒伏。及早打杈和摘除无效小花盘。

叶面喷肥：在向日葵灌浆期每亩用磷酸二氢钾 100～150 克或多元微肥 200 克，兑水 30 千克喷施，也可喷施高美施、喷施宝等生长调节剂。

授粉：向日葵田应引蜂授粉，10 亩地至少需 1 箱蜂，无蜂田采用人工授粉，利用粉扑或采用花盘接触法，在早晨露水刚干至 11:00、下午 16:00—18:00 进行，阴雨天禁授，每隔 2～3 天进行 1 次，共进行 3 次左右。

六、收获晾晒

当植株茎秆变黄，中上部叶片为淡黄色，花盘背面为黄褐色，舌状花干枯或脱落，果皮坚硬时，即可收获。根据不同品种的特性，选择不同的收获方法。籽粒较小、不易落粒的品种，采用机收机脱；籽粒较大、易落粒的品种，采取人工收割、人工脱粒的方法。

七、病虫害防治

（一）虫害防治

除秋季深耕、播种前进行土壤处理外，对地老虎、蛴螬、金针虫等虫害，可采用药物防治，用辛硫磷或灭扫利喷杀，并及时地面锄草杀卵，适时早浇。苗期虫害用辛硫磷防治。

可用赤眼蜂防治向日葵螟，或者在幼虫危害初期用溴氰菊酯进行喷雾，隔 5～7 天再喷 1 次效果较好。

（二）病害防治

1. 菌核病

菌核病又称盘腐病、烂头病，连作不倒茬更容易发生。防治方法：一是适期晚播，5 月 20 日播种；二是与禾本科作物轮作倒茬。

2. 锈病

锈病会造成叶片枯死。一般可在 8 月上旬，每亩用 15％三唑酮可湿性粉剂 800～1 200 倍液或 50％硫黄悬浮剂 300 倍液进行喷施，时间要选择在阴天或 18：00 以后进行。也可用粉锈灵喷洒防治。

3. 褐斑病

可采取选用抗病品种、实行轮作、秋翻耕、清洁田园、增施磷钾肥等方法进行防治。发病初期可用 50% 多菌灵可湿性粉剂 500 倍液或 70% 甲基硫菌灵可湿性粉剂 1 000 倍液连喷 2 次，每隔 10 天进行 1 次。

（三）草害防治

向日葵被列当寄生后，生长缓慢、植株变小、花盘长不大、籽粒空秕，因而产量和品质降低。防治列当的方法有加强检疫、用无疫区的种子、轮作 5 年。

第二十节　烟草高产栽培技术

一、烟草生长的环境条件

1. 温度

烟草是一种喜温作物，地上部在 8～38 ℃ 范围内均能生长，生长发育的适温是 25～28 ℃，在 −3～−2 ℃ 时植株就会死亡。地下部在 7～43 ℃ 都能生长，但最适宜的温度是 31 ℃。种子发芽的最适温度是 24～29 ℃，最低温度为 7.5～10 ℃，最高温度为 35 ℃。温度低于 7.5 ℃，种子发芽过程停止；高于 30 ℃，发芽过程缓慢；超过 35 ℃，则会使已经萌动的种子逐渐丧失生命力。烟草移栽一般应在晚霜过后，气温不低于 10 ℃ 时，叶片成熟期较理想的日均温是 24 ℃ 左右，持续 30 天，可生产优质烟草。

2. 水分

一般是生长前期需水，中期最多，后期又少。苗床期土壤水分保持在田间持水量的 70% 左右为宜，移栽前 10～15 天停止供水，进行炼苗。移栽到缓苗期，叶面蒸腾量小，平均每天耗水量 3.5～6.4 毫米。缓苗到团棵期，平均每天耗水量 6.6～7.9 毫米，土壤水分保持在田间持水量的 60% 为宜；低于 40% 则生长受阻，高于 80%，根系生长较差，对后期生育不利。团棵至现蕾期，平均每天耗水量 7.1～8.5 毫米，土壤水分保持在田间持水量的 80% 为宜，此期若缺水，生长受阻，若长期干旱，会出现早花或早烘。现蕾至成熟期，平均每天耗水量 5.5～6.1 毫米，土壤水分保持在田间持水量的 60% 为宜，此期水分应稍少些，可提高烟叶品质；若土壤水分过多，易造成延迟成熟和品质下降。

3. 日照

烟草一直需要足够的日照，但大多数品种对日照长短要求不严格。烤烟在生育期要求日照充足而不十分强烈，每天日照时间以 8～10 小时为宜，尤其在成熟期，日照充足是产生优质烟叶的必要条件，充足的日照有利于提高烟叶品质。

4. 土壤

烟草虽然可以在多种类型土壤上生长，但若要生产优质烟，对土壤要求比较严格。以红土为优，其次是红黄土、沙土和两合土，黑土最差。

5. 天气

大风和冰雹天气对烟叶的危害比对其他任何作物都严重，无论是在苗床或大田期，都可能会带来严重的损失。因此，在烟草生育期内经常出现大风和冰雹的地区，不能种植烟草。

二、烟草的栽培管理

(一) 育苗

烟草种子在催芽以前，应置于 15～20 ℃ 的日光下晒 2～3 天，以提高种子的发芽势及发芽率。要培育壮苗，一是采用双层薄膜纸筒育苗新技术，纸筒直径不小于 4 厘米，高度为 6～7 厘米，每平方米育苗 625 棵，10 米² 1 畦的苗床可供 4 亩烟田栽植使用。二是配制营养土，用 60% 的大田土和 40% 经过腐熟的猪圈粪作为基质，每畦需营养土 0.8～1 米³，消毒后再拌入复合肥 3～4 千克。三是适时早播，早移栽，可使产量提高 20%，辽宁省建平县应在 3 月中旬至下旬播种。四是苗床管理，由于播种时气温较低，易受低温危害，要按照烟苗生长对温湿度的要求及时调控。一般进行两次间苗，第一次在"十字期"后进行，苗距 1.5～2 厘米，第二次间（定）苗在 4～5 片真叶时进行，苗距 6～8 厘米。

（二）移栽

适时早栽是生产优质烟的关键一环。建平县烟区移栽最好在 4 月下旬至 5 月中旬前栽完。栽植密度应控制在每亩 1 200～1 300 株。采用地膜覆盖栽烟，不仅可以起到增温保湿的作用，能提高烟株抗旱防涝性能，而且可以防止烟叶黑暴。移栽前若下透雨，可在雨后及时盖膜，保墒提温。若无雨，要在栽烟时带足底水，栽烟后将地膜盖严。若在立夏前后栽烟，因气温较低，可先盖膜后露苗，等气温稳定时再划开地膜，掏出烟苗并在根部封口压膜以防失水。

（三）大田管理

烤烟生产最突出的问题是产质矛盾。一般是产量越高，品质越差，但也不是产量越低，品质越好。因此，管理上要在稳定产量、保证质量上下功夫。

1. 适量施肥

以基肥为主，采用平衡施肥新技术。移栽前每亩施纯氮肥量，低肥田为 6 千克、中肥田 5 千克、高肥田 3～4 千克，氮、磷、钾肥的比例以 1∶2∶3 为宜。中后期发现缺肥时，采用叶面喷施的方法追肥。

2. 及时灌排水

在烟草需水关键期烟田干旱情况下，喷灌 1～2 次，可增产 8.1%～43.1%，提高品质。若烟田渍水 1～2 天，将减产 47.8%～65%。低洼烟田或多雨季节要注意清沟排水。

3. 注意中耕培土

干旱情况下及时中耕，对保墒蓄水具有重要意义。雨后及时中耕，可降低土壤湿度，增加土壤通透性，提高地温，促进根系生长。中耕还可以消灭杂草，减少病虫害。结合中耕适时培土，可促发新根，扩大吸收水肥能力，有利于排水防涝，增强抗旱及防风抗倒能力。

4. 适时打顶除杈

打顶除杈不仅可使产量提高 31%～49%，还是提高烟草品质的主要途径。打顶一般应根据留叶数分两次打完，促使烟株整齐，生长落黄一致，有利于烘烤。株杈要及时清干净。

5. 加强病虫害防治

以防为主，药剂防治及人工捕杀相结合。

三、采收

成熟采收是优质烟草生产的重要环节之一。烟草成熟的特征：叶片由绿色变为黄绿色，叶面上茸毛脱落，茎叶角度增大（近似90°）。下部叶片主脉发白，中部叶支脉发白，上部叶主脉、支脉发白，且在叶面上出现黄斑，才可采收烘烤。

第二十一节 芝麻高产栽培技术

一、整地与施肥

1. 选地

芝麻极忌连作，连作病害严重。轮作年限至少应相隔 2 年以上，小麦、大麦、高粱、玉米、谷子等禾谷类作物是芝麻的良好前茬。芝麻怕渍、不耐涝，应选择地势高燥、排水方便、透水性良好的沙壤土和轻壤土。

2. 整地

芝麻种子细小，不能深播。主根入土较深，要求耕层疏松深厚，表土层保墒良好、平整细碎。种植春芝麻，应在前一年秋作物收获后及时深翻，耕层应达到 16～20 厘米。深耕后及时破垡碎土、耙细耱平，以保蓄土壤水分，以利于播种。

3. 施肥

芝麻是比较喜肥的作物，而生育期又较短，对施肥有良好的反应。芝麻的根系不深，要求表土层肥沃。施足底肥，可使幼苗健壮，并可满足芝麻生长全发育过程所需的大部分肥料。因此，芝麻应以基肥为主，其用量应占总施肥量的 70％左右。基肥要以农家肥为主，一般施 2 000 千克/亩。由于初花期至盛花期是芝麻一生中的需肥高峰，故在初花期前后追施速效氮肥 10～15 千克/亩，增产效果显著。

二、播种

（一）种子处理

播种前要选用高产、优质、抗病的芝麻品种，并进行播前种子处理。

1. 精选种子

晒种：播前晒种，打破种子的休眠期，提高种子生活力，增强发芽势，从而促使出苗整齐和幼苗生长健壮。

2. 种子消毒

为了预防病虫害，要对种子进行药剂处理。可用 40％的多菌灵可湿性粉剂按用药量有效成分为用种量的 0.3％拌种。经过处理的种子，要做发芽率检测，达到 90％才能使用。

（二）适期播种

芝麻播种期应根据气候条件和品种生育期来决定。在地表 7.5 厘米地温稳定在 16～18 ℃时播种为宜，在满足这一指标的情况下，可适当早播。辽宁省建平县春芝麻产区一般在 5 月中下旬播种。

（三）播种方法

芝麻播种方法有 3 种，即撒播、点播、条播。比较先进的方式是条播，条播便于控制行距、株距，中耕培土，施肥，排、灌等田间管理。为使播种均匀，可掺入与芝麻同等大小、密度相似的有机肥或碎土粒混合播种。但要注意播种不宜过深，下籽不要太多，不要漏播，以免造成出苗不齐或成弱势苗。芝麻的播种量以 0.5 千克/亩左右为宜。

芝麻种子覆土宜浅，一般覆土深度以 2～3 厘米为宜。也可根据土壤性质、墒情、温度等因素适当灵活掌握。

芝麻播种后要覆土镇压。否则，墒情稍差时，由于种子和土壤接触不紧密，不能吸水发芽，会造成出苗不齐或缺苗断垄。

（四）种植密度

芝麻的单位面积产量由单株产量和单位面积株数决定。合理密植，就是在一定条件下，使两者达到最佳状态。芝麻种植密度要根据芝麻品种的特性、株型、土壤肥力等因素来决定。一般原则为分枝型品种密度宜稀，单秆型品种密度宜密；早熟品种宜密，晚熟品种宜稀；薄地宜密，肥地宜稀。在辽宁省种植密度以 8 000 株/亩左右为宜。

三、田间管理

1. 查田与补苗

芝麻播种后时常会遇到降水、土壤表面板结等情况，使发芽出苗困难，要及时破除土壤板结，使幼苗可以顺利出土，达到全苗的目的。对于缺苗断垄现象，应立即催芽采取补救措施或进行移苗补栽。移栽应选择傍晚或阴天进行，以减少叶面蒸腾，提高成活率。

2. 间苗、定苗

芝麻出土后，必须进行间苗和定苗。250 克/亩种子的出苗数一般都比正常留苗数多 5～6 倍。及时间苗、定苗才能确保幼苗生长良好，使其顺利从营养生长阶段进入生殖生长阶段。间苗要抓一个"早"字，但定苗不宜过早，特别是病、虫等自然灾害严重的年份和地区，更不应早定苗，待幼苗生长较为稳定时再定苗，以防定苗过早造成芝麻缺苗。

3. 中耕锄草

芝麻苗期生长缓慢，及时进行中耕锄草，可以达到除草、松土、通气、保墒、促进幼苗生长的作用。芝麻中耕除草要抓"早"抓"勤"。一般芝麻苗期中耕锄草 3 次，锄草的深度应坚持浅-深-浅的原则。中耕除草应遵循"两不""两必"，为芝麻生长创造良好的环境。即雨前不锄，地过干过湿不锄；有草必锄，雨后必锄。

4. 追肥

追肥一般以速效氮肥为主。初花期至盛花期是芝麻一生需肥的高峰期，在初花期追施速效氮肥，增产效果显著。一般每亩追施尿素 10～15 千克。

5. 灌溉与防渍

芝麻是一种比较耐旱、怕渍的作物。芝麻怕渍，特别是花期更怕渍害，但对干旱的反应也比较敏感。因此，芝麻生产要选择高燥、易排易灌的地块；应根据芝麻的生育期需水情况科学灌水；应根据当地情况和种植习惯进行整地，采取起垄、高畦或开沟做厢等配套措施；要选用抗病性强的芝麻新品种；在栽培管理上要采用雨前不中耕、不灌水、雨后排水除涝，清沟防渍，中耕散墒等技术措施。

四、病虫害防治

1. 选用抗病品种

是减轻芝麻病害最为经济有效的措施。各地可因地制宜种植适宜本地区的抗病良种。如辽品芝 1 号、特丰 1 号、辽芝 101、八筒白等。

2. 合理轮作

芝麻的主要病害大多通过土壤传播，重茬会加重病害的发生，合理轮作可以降低发病率。一般以 3～4 年轮作时限较适宜。

3. 种子处理

种子播种前要进行种子处理，主要处理方法有温汤浸种、药剂浸种、药剂拌种（多菌灵拌种）。

4. 加强田间管理

排涝防渍，提高芝麻抗病性。

5. 药剂防治

蚜虫是病毒病的传染源，要及时杀灭蚜虫。可喷吡虫啉或有机磷防治蚜虫。

五、收获与储藏

1. 收获

芝麻具有无限开花习性，同一植株上的蒴果成熟时间很不一致，只有适时收获，才不致因蒴果炸裂对产量造成损失。收割应选择阴天或晴天的早晨进行，以避免落粒造成产量损失。

2. 储藏

脱粒后的芝麻要进行晒种风干，扬去杂质和秕粒，水分降至7％左右后，方可入库储藏。仓库要进行消毒，保证清洁干爽、通风、具有防潮条件，高温期有降温设备。

第二十二节　花生覆膜高产栽培技术

花生地膜覆盖具有保墒抗旱、提高地温、改变土壤理化性状和加速土壤养分分解、减少肥料流失、促进花生出苗齐、壮苗早发、花多针齐、果多果饱、优质、早熟、高产、增产增收的特点，一般能增产20％～40％。

一、播种前准备

1. 选择品种

加强检疫，严禁从病区引种。选用优质、高产、抗病、适应性强、商品性好的非转基因花生品种，如白沙1016、四粒红、阜花8号等。

2. 选择地块

选择地势平坦、排灌方便、活土层深厚的沙质壤土或轻沙壤土。尽量轮作换茬，与非豆类作物如玉米、谷子等轮作，轮作周期最好在2年以上。轮作可减轻病虫和杂草的危害，维持土壤中各种养分平衡。

3. 整地施肥

秋深翻整地深25～30厘米，重茬地块40～50厘米，深耕每隔3～4年一次。细耙多遍，确保土壤上松下实，起垄并压实。

应用测土配方施肥技术，在测定土壤肥力的基础上，根据花生产量指标计算各种肥料需要量。一般每亩施优质农家肥 3 000～5 000 千克，同时施入尿素 13 千克、磷酸二铵 15 千克、硫酸钾 20 千克。

4. 种子处理

播前做好发芽试验，确保种子发芽势在 80％以上，发芽率在 95％以上。用多菌灵等杀菌剂拌种预防苗期病害，用 40％乐果乳剂等药剂拌种防治地下害虫。瘠薄地块，可用根瘤菌剂拌种，提高根系着瘤数和固氮能力。

二、覆膜与播种

（一）播种期和播种密度

当地 5 日内 5 厘米地温稳定通过 15 ℃以上时即可播种，播种深度在 3～5 厘米为宜。4 月下旬至 5 月上旬播种，播深 3～5 厘米，地膜覆盖可较露地早播 7～10 天。一般每亩播种量 9～16 千克，播 7 000～10 000 穴，根据地力条件灵活掌握。

（二）播种方法
1. 先覆膜后播种

早春墒情好，先起垄做畦，喷施除草剂后覆膜保墒，到了适宜播种期再打孔播种覆土。播种时，若土壤墒情不足，先打孔浇水补墒再播种覆土。

2. 先播种后覆膜

土壤墒情差的，先在垄面开两条 3～5 厘米深的沟，两沟距垄边 10 厘米，先浇水补墒，播种后覆土，喷除草剂、覆膜。

3. 机械覆膜与播种

可在整平耙细的地块上，直接用播种覆膜机起垄、播种、施肥、整平地面、喷除草剂、覆盖地膜等，多道工序一次完成。

（三）种植模式
1. 大垄双行种植模式

小行距 35～40 厘米，大行距 60～70 厘米，穴距 16～18 厘米，每穴 2 粒,每亩保苗 1.8 万株以上。

2. 膜下节水滴灌种植模式

在大垄双行种植基础上,将滴灌带铺在小行距中的两个小垄中间,根据地况,合理分布滴管带,适用于大面积种植地块,有效节约水资源。

3. 缩垄增株的单垄种植模式

垄距 45~50 厘米,穴距 6~7 厘米单粒播种,或 13~14 厘米双粒播种,每亩保苗 1.8 万株以上。

三、田间管理

1. 及时引苗清棵

先播种后覆膜的,在花生出苗后及时破膜把幼苗引出地膜,要一次成功,不可待幼苗全出土,更不能出一棵放一棵。先覆膜后打孔播种的,在出苗后 2 片真叶时,应及时清除膜孔上过多的土墩。齐苗后进行清棵蹲苗。

2. 肥水管理

覆膜栽培的花生适宜采用叶面喷肥。苗期、花针期可喷施"钛得肥",结荚期每亩叶面喷施 0.2% 磷酸二氢钾水溶液 50 克,以防早衰和叶斑病引起过早脱落,提高荚果饱满度。

开花下针期和结荚期需水分最多。一般情况下,当 5 厘米土壤水分低于 6%,20 厘米土壤水分低于 10%,植株出现萎蔫,无雨应及时灌溉。

3. 生长调节

覆膜栽培花生高产田,由于土壤生态环境条件得到了改善,有利于前期大苗、壮苗、开花早、结荚早。肥水条件好的地块盛花期株高超过 35 厘米且有旺长趋势要使用烯效唑,或结荚初期用 15% 壮饱安 35~40 克,兑水 35~40 千克喷施,控制茎叶继续增高,防止田间群体郁蔽倒伏。

4. 病虫害防治

地膜花生土壤温度高、湿度大,病虫害发生早而多,若不及时防治，就会引起落叶早衰降低产量。生产中要深入田间检查，发现花生病虫害采取相应的措施及时防治。

花生的结荚期为多种病虫害并发期，主要有花生叶斑病、蛴螬、二代和三代棉铃虫。防治指标与方法：叶斑病病叶率达 10%～15% 时，用 50% 多菌灵粉剂 50 毫升/亩兑水 15～20 千克均匀喷雾，或用 75% 百菌清粉剂 50 毫升/亩兑水 15～20 千克均匀喷雾，一周喷 1 次，连防 2～3 次；蛴螬每平方米有 5 头幼虫时，3% 甲基异硫磷颗粒剂每亩用 2.5～3 千克，或每亩用 50% 辛硫磷乳油 0.25 千克，加细土 40～50 千克制成毒土，撒于植株基部，然后覆土；棉铃虫百墩有幼虫 40 头时，用 5% 氟啶脲乳油 2 500～3 000 倍液或苏云金杆菌可湿性粉剂 1 500 倍液喷雾防治。

四、适时收获和清除残膜

1. 适时收获

当花生叶片 2/3 脱落，花生饱果指数达 60% 以上就可以收获。收获后及时晾晒，防止黄曲霉毒素污染，提升花生品种。

2. 清除农田残膜

残留在土壤中的地膜原料是高分子人工聚合物，很难分解，花生收获后若不及时处理，不仅会影响耕作和后茬作物的生长发育，造成减产，而且会污染环境，造成严重环境污染。

第二十三节　玉米秸秆还田技术

建平县耕地总面积 276 万亩，其中玉米常年播种面积 150 万亩，秸秆总产量 100 万吨左右，秸秆可利用资源十分丰富。近年来，大量秸秆焚烧既污染环境又易引起火灾，再加上长期化肥施用过量、有机肥施用减少，造成中低产田偏多，土壤有机质缺乏、有效养分偏低、碱性过大，化肥利用率不高，农田生态环境恶化，农产品质量下降，因此，大力推广秸秆腐熟还田技术，高效利用秸秆资源，着力提升土壤有机质，提高耕地综合生产能力是建平县农业可持续健康发展的必然要求。目前，随着农村机械化程度的提高，秸秆利用最简单的方法就是机械粉碎后直接还田，还田技术规程如下。

一、秸秆腐熟还田的优点

1. 地力培肥，归还养分

建平县土壤瘠薄，有机质缺乏，仅在 12 克/千克左右，而商品有机肥偏贵、农家粪肥施用不便，造成绝大部分地区农户不向土壤中投入有机物料，导致土壤有机质呈现连年下降趋势。据测定，秸秆中有机质含量平均为 15% 左右，若按每亩还田秸秆 1 吨计算，则可增加有机质 150 千克/亩，相当于使土壤有机质提高 1 克/千克，同时还向土壤中归还了氮、磷、钾、镁、钙及硫等作物必需营养元素，因此，长期实施可使低产田转变为中高产田。

2. 改善土壤环境，增强微生物活性

秸秆还田使土壤容量降低，土质疏松，通气性提高，土壤结构得到明显改善。秸秆中含有大量能源物质，还田后土壤微生物激增，土壤微生物活性强度提高，接触酶活性可提高 40% 以上。随着微生物繁殖力的增强，生物固氮量增加，土壤酸碱性降低，酸碱趋于平衡，养分结构逐步合理。

秸秆还田中使用的秸秆腐熟剂是一种富含高效微生物菌系，具有促进秸秆快速腐解的作用。

3. 抗旱保墒，提高地温

秸秆还田提高土壤有机质的同时，可作为吸水持肥的载体，抑制土壤水分蒸发，防止土壤养分流失，同时提高地温。据测定，连续 6 年秸秆直接还田，土壤的保水、透气和保温能力显著增强，吸水率提高近 10 倍，地温提高 1~2 ℃。

4. 提高产量，增加收入

秸秆还田使土壤具备了保水、培肥、通气、提温的功能，为农作物生长提供了最优的水、肥、气、热条件，作物产量显著增加，形成良性循环。试验结果显示，连续实施秸秆还田 3 年，可以使作

物产量提高 10%，每亩节约化肥纯量 3～5 千克，除去机耕费，每亩节本增效 100 元以上。

二、玉米秸秆腐熟还田技术总流程

秋季玉米收获后剔除病株—秸秆粉碎还田—施入秸秆腐熟剂—深翻—旋耕—镇压—机械播种。

三、玉米秸秆腐熟还田技术具体操作过程

1. 还田前准备

秋季玉米收获后，无论机械收获还是人工摘穗，首先都需要人工剔除病株，如玉米丝黑穗病、顶腐病等，防止病菌传播，加重下茬作物病害。秸秆病虫害严重的地块，不宜还田。

2. 还田时间

玉米秸秆还田的最佳时期为玉米成熟后，秸秆呈绿色，含水量在 30% 以上时，此时含糖分、水分较多，易碎，有利于切割、粉碎和加快腐解。

3. 还田方式及还田量

根据当地玉米种植规格、具备的动力机械、收获要求等条件，选用适宜的还田方式进行秸秆还田。还田方式可采用玉米收获机直接粉碎还田，也可人工摘穗后采用秸秆还田机作业。秸秆切碎长度小于 10 厘米，均匀覆盖地表，要根据玉米种植行距及规模选择适宜幅宽的机械。

4. 秸秆腐熟剂施用

玉米秸秆还田后，每亩施用秸秆腐熟剂 2～3 千克，另需增施氮肥。这是因为玉米秸秆腐解过程中，微生物分解秸秆需要吸收一定量的氮素，玉米秸秆碳氮比为（65～85）：1，而适宜微生物活动的碳氮比为 25：1，易出现微生物与作物幼苗争夺土壤中有效氮素的现象，所以秸秆粉碎后，要撒施 5 千克尿素，以加快秸秆腐熟速度。秸秆腐熟剂施用量少，要与适量的细沙土混匀后，均匀地撒在秸秆上。

5. 及时深翻

秸秆粉碎撒入田地后，要及时用翻转犁将秸秆翻埋入土，深度一般要求 20～30 厘米，达到粉碎秸秆与土壤充分混合、地面无明显粉碎秸秆堆积的效果，以利于秸秆腐熟分解和保证种子出苗。

6. 旋耕、镇压

春播前，机械旋耕，旋耕深度在 15～20 厘米为宜，旋耕后要进行镇压，消除因秸秆造成的土壤架空，达到无明暗坷垃、土碎地平的效果，为播种创造良好条件。

7. 播前准备

土壤水分状况是决定秸秆腐解速度的重要因素，若土壤过干，会严重影响土壤微生物的繁殖，减缓秸秆分解的速度。秸秆翻入土壤后，若墒情不好需浇水调节土壤含水量。

8. 机械播种

采用机械化播种、大小垄种植，一般每亩播种量 2～3 千克，播种深度 3～5 厘米，做到播种深浅一致、不漏播、不重播。深施底肥，每亩化肥施用量按当地配方施肥推荐量确定，化肥总施用量可降低 10% 左右。

四、主要机械及作业要求

1. 还田机械及作业要求

玉米收获机可直接粉碎还田，适合建平县作业的机型有 4YZP–3 型玉米联合收割机或其他相似型号的机械。4YZP–3 型联合收割机作业幅宽 2 米，作业速度 5～7 千米/时，每天作业 10 小时。

人工摘穗后采用秸秆还田机作业，适合建平县作业的机型有 LX804 秸秆还田机、XY–180 秸秆还田机或其他相似型号的机械。作业幅宽 1.2 米，作业速度 7 千米/时，每天可作业 10 小时。

玉米联合收割机要求一次完成收割、摘穗、剥皮、果穗集箱和秸秆粉碎还田等多项作业。秸秆还田机是玉米摘完穗后对秸秆进行粉碎的机器，割茬高度要求≤10 厘米，秸秆还田粉碎长度＜10 厘米。收获前 7～10 天要做好田间调查，调查内容包括玉米倒伏程度，种植密度和行距，最低结穗高度，地块的大小、长宽及通往田间的道路和田间障碍的清除等情况。作业前要制订好计划，以利于安全作业。

2. 整地机械及作业要求

秸秆粉碎后进行深翻，适合建平县作业的机型有 LX804 翻转犁、1LQ‐40 翻转犁或其他相似型号的机械。作业幅宽 1.2 米，作业速度 3.5 千米/时，每天可作业 10 小时。

春播前进行旋耕，适合建平县作业的机型有 E404 旋耕机、1GQN‐150 旋耕机或其他相似型号的机械。作业幅宽 1.5 米，作业速度 8 千米/时，每天可作业 10 小时。

犁耕耕作时间在土壤含水量为田间最大持水量 70%～75% 时为宜，翻耕深度 25～30 厘米，翻耕后粉碎的秸秆要全部深埋，碎土率＞65%。耕层浅的土地，要逐年加深耕层，切勿将大量生土翻入耕层。播前要旋耕并压实。

第三章　种植业实用知识问答

第一节　土壤肥料知识问答

1. 简述不同质地土壤的性质及改良方法?

答:沙土有机质含量低、孔隙度大、保水保肥性差、通气性好。

黏土孔隙度小、通气性差、蓄水能力强、排涝能力差。

壤土兼有沙土、黏土的优点,是较为理想的土壤。

沙土、黏土可通过增施有机肥料的改良方法逐步转化成壤土。

2. 土壤 pH 如何分级?

答:土壤 pH 范围为 0~14。pH 等于 7 为中性,pH 小于 7 为酸性,pH 大于 7 为碱性。土壤酸碱度一般可分为五级:pH≤5 为强酸性,5~6.5 为酸性,6.5~7.5 为中性,7.5~8.5 为碱性,≥8.5 为强碱性。

3. 土壤有机质含量是如何分级的? 建平县土壤有机质处于哪级?

答:土壤有机质含量的分级标准如下:丰富≥30 克/千克,中等 20～30 克/千克，稍缺 10～20 克/千克，缺乏 6～10 克/千克，极缺≤6 克/千克。

建平县土壤有机质平均值在 12 左右，处在稍缺范围，且接近缺乏，应采取有效措施提高土壤有机质含量，培肥地力。

4. 复混肥料有效成分如何表示？

答：复混肥料一般按 $N - P_2O_5 - K_2O$ 次序分别用阿拉伯数字表示其有效成分重量的百分比，如组成为 15 - 7 - 8 的复混肥含 N 15％、P_2O_5 7％、K_2O 8％，而 15 - 15 - 0 则表示含 N 15％、P_2O_5 15％、不含钾，以此类推。目前，我国复混肥国家标准要求总养分含量必须大于 25％，其中单一养分含量不低于 4％。若肥料中含有其他中量元素或微量元素，则将这些元素的含量写在后面，并标明是哪一种元素，如 10 - 10 - 10 - 5S 则表示除 N、P_2O_5、K_2O 外含 S 5％。

5. 尿素的性质如何？施用时有哪些注意事项？

答：尿素是由碳、氮、氧和氢组成的有机化合物。其分子式为 $(NH_2)_2CO$，分子质量 60，含 N 量 46％，即 100 千克尿素中含纯氮 46 千克，是含氮量最高的固态单质氮肥。普通尿素为白色颗粒，易溶于水，肥效快；长效尿素为白色或略带黄色大颗粒，肥效长，一般作为长效掺混肥料氮的添加物质。

尿素施用时的注意事项如下。

（1）一般做追肥，不宜做种肥，做种肥时一定要少量且种肥隔离，因为尿素里含有缩二脲，不利于种子发芽。

（2）建平县土壤多为碱性，尿素施入土壤会转化成碳酸氢铵，碳酸氢铵在碱性土壤上易生成氨气挥发，因此，要深施覆土。

（3）尿素转化受土壤温度影响，土温 10 ℃分解时间为 7～12 天、土温 20 ℃分解时间为 4～5 天、土温 30 ℃分解时间为 2～3 天。因此，尿素要提前施用，以免脱肥。

6. 磷酸二铵的性质如何？施用时有哪些注意事项？

答：磷酸二铵分子式（NH$_4$）$_2$HPO$_4$、分子量 132。为灰白色或深灰色颗粒，在潮湿空气中易分解，挥发出氨变成磷酸二氢铵。水溶液呈弱碱性，pH 为 8.0。

磷酸二铵为氮、磷复混肥，常见的养分含量为 64％，其中含 N 18％、含 P$_2$O$_5$ 46％，即 100 千克磷酸二铵中含 N 18 千克、P$_2$O$_5$ 46 千克。注意一般用作底肥，同时配施钾肥。

7. 氯化钾、硫酸钾的共同点和区别有哪些？

答：氯化钾和硫酸钾是最常用的单质钾肥，均为生理酸性肥料，施用时应配合氮肥和磷肥。

氯化钾为红色或白色，含 K$_2$O 60％，价格相对硫酸钾便宜，适用于绝大多数作物，马铃薯、烟草、西瓜、甜菜、葡萄等属于忌氯作物，最好用硫酸钾。硫酸钾为白色颗粒，K$_2$O 含量比氯化钾低，为 50％，但价格高于氯化钾，因此，像玉米、谷子、高粱等能用氯化钾的作物，尽量不用硫酸钾。

8. 举例说明什么是生理酸性肥料、生理碱性肥料、生理中性肥料？施用时应注意什么？

答：作物吸收养分后使土壤酸度提高的肥料称为生理酸性肥料，如硫酸铵、氯化铵、硫酸钾、氯化钾；作物吸收养分后使土壤碱性提高的肥料，称为生理碱性肥料，如硝酸钠、碳酸氢钠等；作物吸收养分后不改变土壤酸碱性的肥料，称为生理中性肥料，如硝酸铵、碳酸氢铵、尿素等。因此，酸性土最好选施生理碱性肥，石灰性土（碱性土）最好选施生理酸性肥。

9. 作物营养临界期和作物营养最大效率期的区别在哪里？

答：作物营养临界期是指某种养分缺少或过多时，对作物生育影响最大的时期。在这个时期内，作物因某种养分缺少或过多而受到的损失，即使以后该养分供应正常，也难以补救。大多数作物需求磷的临界期在幼苗期、氮的临界期在营养生长向生殖生长转化的时期、钾的临界期比氮更晚。

作物营养最大效率期是指某种养分能发挥其最大增产效能的时期。在这个时期作物对某种养分的需要量和吸收量都是最多的，这时期也正是作物生长最旺盛的时期，吸收养分能力特别强，如能及时满足作物养分的需要，其增产效果非常显著。多数作物营养最大效率期在作物生长发育中期。

10. 有机肥为什么要腐熟施用？怎样简单判断其是否腐熟？

答：有机肥会释放养分，其中所含养分绝大部分是迟效的，作物不能直接利用，腐熟过程是养分有效化的过程。未腐熟的有机肥施入土壤，会滋生杂草，传播病菌和虫卵。未腐熟的有机肥施入土壤也会腐熟，这一过程会放出大量热，造成种子周围温度过高，容易"烧苗"。

可将有机肥溶于水，搅拌、静止、沉降，若上层溶液呈酱油色且颜色较深，则证明释放出了腐殖酸，说明腐熟较完全，若上层溶液澄清，则不能施用。

11. 什么是秸秆还田？秸秆还田的种类有哪些？

答：秸秆还田是把不宜直接用作饲料的秸秆（玉米秸秆、高粱秸秆等）直接或堆积腐熟后施入土壤的一种方法，可用来改良土壤性质、加速生土熟化、提高土壤肥力。秸秆还田包括直接还田和间接还田2种。直接还田分高茬还田、免耕覆盖还田、粉碎翻压还田、直接掩青、稻田整草还田5种；间接还田分高温堆沤还田、生化催腐还田、过腹还田3种。

12. 秸秆还田的优点有哪些?

答: 培肥地力,归还养分;改善土壤环境,增强微生物活性;抗旱保墒,提高地温;提高产量,增加收入;美化环境,减少污染。

13. 氮肥施用过量的危害有哪些?

答:

(1)气体毒害。过量施用碳酸氢铵或尿素会产生氨气,当空气中氨气浓度超过 5 毫克/千克时产生气体毒害。

(2)烧苗。过量施用氮肥,造成土壤溶液浓度过高,导致作物根系吸水困难,发生细胞脱水现象,进行产生叶片萎蔫、枯黄甚至死亡现象,俗称"烧苗"。

(3)徒长晚熟。在作物生长期,氮肥施用过量,会使作物出现疯长,贪青晚熟,容易倒伏并招致病虫害侵袭,最终导致空秕率增加,千粒重下降,产量降低。

(4)亚硝酸盐毒害。过量施氮,氮素在土壤中由于硝化作用,会转变成硝酸盐,这些硝酸盐在一定条件下会形成致癌物质亚硝胺,人畜长期饮用含硝酸盐较多的地下水,对健康不利。

14. 地怎么越种越"馋"了?

答: 有的农民反映,土地和人一样,越种越"馋",上一年施多少肥,打多少产量,第二年还施那么多肥,产量会下降,必须提高施肥量,才能维持原来的产量。这话有无道理呢?从某种意义上说,这话有一定道理,而这个道理不是因为土"馋"造成的,而是由于作物收获后带走了部分养分,造成了土壤肥力耗竭,必须及时加以科学补充。因此,要通过土壤化验知道作物收获后,土地还有多少"家底",什么营养够用,什么肥分缺乏,采取"对症下药",缺什么补什么,缺多少补多少,做到配方施肥或平衡施肥,这样才能实现节省肥料、增加产量、提高经济效益。

15. 只要增施些氮、磷、钾肥料，就可以不施有机肥吗？

答：不可以。作物生长的必需营养元素有 17 种，其中氮、磷、钾被称为"肥料三要素"，在土壤中的含量相对不足、作物需求量又大，因此，需要施肥来补充。但不是只要这三种元素充足了，作物就能获得高产，作物的产量遵循"最小养分率"，即作物产量取决于土壤中那个相对含量最小的养分，在一定限度内随这一养分的增减而相对变化。有机肥中营养元素全，而且具有培肥地力、改善土壤结构、提高土壤肥水的供储能力等功能，与氮、磷、钾等化肥结合施用，能够补充土壤中的中微量元素，是作物持续高产、稳产的关键。

16. 主要元素缺素对应哪些症状？

答：可根据作物的叶片失绿症状来判断缺乏哪种元素。

老叶失绿：缺氮——叶片中脉开始逐步向两侧黄化；缺钾——叶缘和叶尖开始逐步向中脉黄化；缺磷——叶片呈紫红色；缺镁——叶脉间失绿，多呈黄色"念珠状"条纹。

新叶失绿：缺铁——叶脉间网状失绿；缺锰——棕黄色斑点。

其他缺素症的典型表现：缺锌——玉米花白苗、果树小叶病；缺钙——大白菜"干烧心"、番茄和辣椒的脐腐病；缺硼——花生有壳无仁、甜菜根部心腐病、油菜花而不实。缺钼——豆科作物根瘤减少。

17. 如何提高肥料施用效果？

答：一是有机肥与化肥配合施用，以达到缓急相济、长短互补的目的；二是实施测土配方施肥，做到缺啥补啥，需多少施多少，实现节本增效；三是化肥深施，尿素若撒施，其氮素利用率只有 30%，深施可提高到 60%；四是集中施用，如磷肥极易被土壤固定，集中施用，减少与土壤的接触面积，可使作物根系充分吸收，从而提高肥效。

18. 根据土壤养分的分级标准,结合建平县的土壤现状,谈谈如何科学施肥?

答:

(1) 土壤养分的分级标准见表 3-1。按 pH 土壤可分为强碱性 (pH≥8.5)、碱性 (pH 为 7.5~8.5)、中性 (pH 为 6.5~7.5)、酸性 (pH 为 5.0~6.5)、强酸性 (pH≤5.0)。

表 3-1　土壤养分的分级标准

	有机质 (克/千克)	碱解氮 (毫克/千克)	有效磷 (毫克/千克)	速效钾 (毫克/千克)
丰富	≥30	≥120	≥20	≥150
中等	20~30	90~120	10~20	100~150
稍缺	10~20	60~90	5~10	50~100
缺乏	6~10	30~60	3~5	30~50
极缺	≤6	≤30	≤3	≤30

(2) 建平县土壤现状。建平县土壤肥力较差,土壤有机质含量平均约为 12 克/千克,处在稍缺范围,且接近缺乏;碱解氮含量平均值为 69.7 毫克/千克,处在稍缺范围;有效磷平均值为 8.4 毫克/千克,处在稍缺范围;速效钾平均值为 141 毫克/千克,处在中等范围,偏丰富;pH 平均为 8.2,呈碱性。

(3) 施肥建议。一是要加强有机肥的投入,每年每亩施入腐熟农家肥 2~3 米³,逐步提高土壤有机质;二是建平县氮、磷处在稍缺范围,钾处在中等范围,土壤能够提供给作物需氮量的 20% 左右、需磷量的 10% 左右或不提供、需钾量的 50%~70%,因此要根据作物的需肥规律,调整氮、磷、钾的施入量;三是土壤偏碱,铁、锰、铜、锌、钙等微量元素有效性不高,在大田作物上尤其要注意锌肥的补充、蔬菜生产上要特别注意钙肥的施用。

19. 秸秆还田实施后播种困难、不易出苗、苗期黄化、病虫害加重，而且秸秆在土里不易腐烂，这些现象是什么原因引起的？该如何解决？

答：作物秸秆资源丰富、有机质含量高、营养全，还田操作机械化程度高，因此，秸秆还田是一种较为理想的地力培肥手段，其实施是很有必要的。之所以出现上述的状况，可能是因为操作不当。

播种困难：可能是秸秆粉碎不够细、粉碎后没有深翻，使耕层秸秆堆积过量造成的。

不易出苗：秸秆粉碎还田后没有镇压，播种后种子只与秸秆接触，没有接触到土壤。

苗期黄化：秸秆腐熟需要吸收氮肥，粉碎还田时没有增施尿素，秸秆与幼苗竞争土壤里的氮素，造成苗期黄化。

病虫害加重：还田时没有剔除病株，造成病虫害二次侵染。

秸秆不易腐烂：还田时没有添加腐熟剂，土壤微生物活性弱，故腐熟时间较长。

秸秆还田的正确步骤：秋季作物收获后剔除病株—秸秆粉碎（长度小于10厘米）—每亩施入2～3千克秸秆腐熟剂、5千克尿素—深翻—旋耕—镇压。

20. 目前肥料市场混杂，农民买到假化肥的情况时有发生，给农业生产造成了严重的损失，在不具备检测条件的情况下如何辨别真假肥料？

答：

(1) 包装鉴别法。①检查标识。国家有关部门规定，肥料包装袋上必须注明产品名称、养分含量、等级、净重、标准代号、厂名、厂址，磷肥应标明生产许可证号，复混肥料应标明生产许可证号和肥料登记证号。商品有机肥、叶面肥、微生物等新型肥料要标明肥料登记证号。如果没有上述标志或标志不完整，则可能是假冒或劣质肥料。②检查包装袋封口。对包装袋封口有明显拆封痕迹的肥料要特别注意，这种现象有可能掺假。

（2）形状、颜色鉴别法。尿素为白色或淡黄色，呈颗粒状、针状或棱柱形结晶体，无粉末或少有粉末。硫酸铵为白色晶体。氯化铵为白色或淡黄色晶体。碳酸氢铵呈白色粉末或颗粒状结晶。过磷酸钙为灰白色或浅灰色粉末。重过磷酸钙为深灰色、灰白色颗粒或粉末。硫酸钾为白色晶体或粉末。氯化钾为白色或淡红色颗粒。

（3）气味鉴别法。有明显刺鼻氨味的颗粒是碳酸氢铵，有酸味的细粉是重过磷酸钙。如果过磷酸钙有很刺鼻的怪酸味，则说明生产过程中很可能使用了废硫酸，这种化肥有很大的毒性，极易损伤或烧死植物，尤其不能用于苗床。

此外要注意：尽量购买知名厂家生产的产品，到信誉度高的定点经销商处购买肥料，价格差距悬殊的肥料不要购买。

21. 建平县有的乡镇农户一直采取"底肥磷酸二铵＋追施尿素"的施肥模式，这样可以吗？

答：不可以。目前，建平县土壤速效钾含量较高，处在中等或丰富范围，但也只能提供给作物需求量的 $50\%\sim70\%$，其余部分还要靠施肥来补充。

在磷酸二铵投入使用之初，产量基数很低，土壤速效钾的水平较高，中期追施氮肥，不施钾肥，也能表现为增产。然而随着氮、磷肥施入量逐年增加、土壤中钾消耗量增大，加上有机肥投入的减少和产量基数的提高，土壤中的钾已经满足不了作物的高产需求，必须通过施肥来补充。

22. 建平县土壤中锌有效性差，简述缺锌原因、症状及防治措施有哪些？

答：

（1）缺锌原因。主要有两种：一是建平县是石灰性土壤（即碱性土壤），pH 偏高，大量的氢氧根和锌离子结合产生氢氧化锌沉淀，无法被作物吸收；二是建平县磷肥施用偏多，尤其有的地区磷酸二铵用量过大，多余的磷酸根和锌离子结合产生磷酸锌沉淀，导致锌的有效性差。

（2）缺锌症状。玉米和果树对缺锌反应最为敏感，常作为土壤供锌水平的指示作物。玉米缺锌多发生在苗期，节间生长受阻，叶片簇生，严重时新叶中脉两侧出现花白条，俗称"白化苗"。果树缺锌新梢极度缩短、节密，叶片变小，密生成簇，因此，称为"小叶病"。

（3）防治措施。一是增施腐熟农家肥 2～3 米³/亩。农家肥中含有多种作物必须营养元素，其中就包括锌，常年施用的土壤中基本不会缺锌。二是对于已经缺锌的地块，玉米最好底肥施入硫酸锌 1～2 千克/亩，果树采用叶面喷施硫酸锌的办法，喷施浓度在 0.5%～1.0% 为宜。

23. 建平县土壤有机质平均在 12 克/千克左右，土壤肥力偏低，要想培肥到中等肥力至少需要提高 10 克/千克，请根据土肥知识对比一下每年每亩施入商品有机肥 100 千克（商品有机肥有机质含量为 30%）和秸秆还田 1 000 千克/亩（秸秆有机质含量为 15%）的施用效果？

答：一般把 1 亩地 20 厘米耕层土壤的质量看作一个常数，为 150 000 千克。

每年每亩施入商品有机肥 100 千克带入的有机质为 100 千克×30%＝30 千克，即 30 000 克；每年每亩施入商品有机肥提高的有机质＝带入的有机质/土壤的质量＝30 000 克/150 000 千克＝0.2 克/千克；建平县土壤有机质由缺乏到中等需要提高 10 克/千克，需要的时间＝10/0.2＝50 年。

每亩秸秆还田 1 000 千克带入的有机质＝1 000 千克×0.15＝150 千克，即 150 000 克；每亩秸秆还田 1 000 千克提高的有机质＝

带入的有机质/土壤的质量＝150 000 克/150 000 千克＝1 克/千克；建平县土壤有机质由缺乏到中等需要提高 10 克/千克，需要的时间＝10/1＝10 年。

综上，每亩秸秆还田 1 000 千克是每亩施用 100 千克商品有机肥肥效的 5 倍，所以国家开始推广以秸秆腐熟还田为主的土壤有机质提升项目。

注意：这里忽略了有机质的矿化和分解，若考虑这些因素实际提高土壤肥力的年限可能还会长一些。

24. 俗话说："有收无收在于水，多收少收在于肥"，假设建平县农业水资源利用效率是生产 1 千克粮食需要 800 千克水、降水量为 450 毫米，那么受水资源限制旱地玉米最高产量可以达到多少千克/亩？

答：生产 1 千克粮食需要 800 千克水，即 0.8 米^3。1 亩地降水量＝1 亩地的面积×降水量＝667×0.450＝300.15 米^3。这些水资源假设都在玉米生长时期内降下，则每亩玉米可以获得的产量＝1 亩地的降水/生产 1 千克粮食需要的水量＝300.15/0.8＝375.19 千克。

实际上，降水不可能都在玉米的生长时期内，所以亩产还会更低些，因此，必须采取秸秆还田、增施腐熟农家肥、地膜覆盖等技术措施提高水资源利用效率，才能有效促进粮食增产。

25. 已知土壤容重 1.25 克/厘米^3，田间持水量为 25%，测得重量含水量为 12%，求每亩 20 厘米耕层最多需要灌多少水？如果每亩灌 30 厘米深，最多要灌多少水？

答：灌水量＝每亩面积×土层深度×容重×（田间持水量－重量含水量），土壤容重为 1.25 克/厘米^3 即 1.25 吨/米^3。

那么，每亩 20 厘米耕层需要的灌水量＝667×0.2×1.25×（25%－12%）＝21.68 吨＝21.68 米^3；每亩 30 厘米土层需要的灌水量＝667×0.3×1.25×（25％－12％）＝32.52 吨＝32.52 米³。

大水漫灌的灌水量多在 80～100 米³/亩，大量水资源流失，同时带走了养分，会造成肥料利用率不高，因此要实施节水灌溉（喷灌、滴灌等）。

26. 利用土壤水分速测仪测出的是体积含水量，已知耕层最大体积含水量为 35％、实测体积含水量为 20％，求每亩 20 厘米耕层最多需要灌多少水？

答：每亩 20 厘米耕层的灌水量＝每亩面积×土层深度×（最大体积含水量－实测体积含水量）＝667×0.2×（35％－20％）＝20.01 米³。

27. 利用目标产量法，计算出玉米 800 千克/亩，推荐施肥量为 N 16 千克/亩、P_2O_5 8 千克/亩、K_2O 6 千克/亩，如果用磷酸二铵、尿素、氯化钾这 3 种肥料，应该如何制订施肥方案？

答：

总体思路：施足有机肥，磷酸二铵、氯化钾做底肥，尿素做追肥。

具体计算过程：磷酸二铵（64％）中 N - P_2O_5 - K_2O 为 18 - 46 - 0、氯化钾含 K_2O 60％、尿素含 N 46％。

（1）以 P_2O_5 需求量计算磷酸二铵施入量：8÷0.46＝17.4 千克/亩；

磷酸二铵中含 N 量＝二铵施入量×0.18＝17.4×0.18＝3.13 千克/亩；

还需施入 N 量＝推荐施 N 量－磷酸二铵中含 N 量＝16－3.13＝12.87 千克/亩，由尿素提供。

（2）需要施入尿素的量＝还需施入 N 量/0.46＝12.87÷0.46＝27.98 千克/亩。

（3）需要施入的氯化钾的量＝推荐 K_2O 量/0.6＝6÷0.6＝10 千克/亩。

综上，施肥方案如下。

基肥：2 000～3 000 千克/亩腐熟农家肥。

底肥：磷酸二铵 17.4 千克/亩、氯化钾 10 千克/亩。

追肥：拔节期追尿素 27.98 千克/亩。

28. 在节水滴灌地块上，长效肥选用 48%脲甲醛复合肥 (26‑10‑12)、口肥选用磷酸二铵，不足的养分用单质肥料补充。利用目标产量法，计算出玉米 800 千克/亩，推荐施肥量为 N 16 千克/亩、P_2O_5 8 千克/亩、K_2O 6 千克/亩，应该如何制订施肥方案？

答： 如果用 N 来计算 48%脲甲醛复合肥的用量＝推荐施 N 量/脲甲醛复合肥含 N 量＝16/0.26＝61.54 千克/亩，那么施入的脲甲醛复合肥的含 K_2O 量＝脲甲醛复合肥施用量×K_2O 含量＝61.54×0.12＝7.38 千克/亩＞6 千克/亩（K_2O 推荐量），因此不合理；同样用 P_2O_5 来计算 48%脲甲醛复合肥的用量＝推荐施 P_2O_5 量/脲甲醛复合肥含 P_2O_5 量＝8/0.1＝80 千克/亩，那么施入的脲甲醛复合肥的含 K_2O 量＝脲甲醛复合肥施用量×K_2O 含量＝80×0.12＝9.6 千克/亩＞6 千克/亩（K_2O 推荐量），因此也不合理。所以要用 K_2O 的推荐量来计算脲甲醛复合肥用量。

具体计算过程：48%脲甲醛复合肥的 N‑P_2O_5‑K_2O 为 26‑10‑12、磷酸二铵（64%）的 N‑P_2O_5‑K_2O 为 18‑46‑0。

（1）每亩 48%脲甲醛复合肥用量＝K_2O 的推荐量/48%脲甲醛复合肥中 K_2O 含量＝6/0.12＝50 千克。

每亩施入 48%脲甲醛复合肥带入的 P_2O_5 的量＝每亩 48%脲甲醛复合肥施用量×P_2O_5 含量＝50×0.1＝5 千克，每亩还需要补充 P_2O_5 的量＝推荐的 P_2O_5 用量－48%脲甲醛复合肥带入的 P_2O_5 的量＝8－5＝3 千克，每亩施入 48%脲甲醛复合肥带入的 N 的量＝

48％脲甲醛复合肥施用量×N 含量＝50×0.26＝13 千克，每亩还需要补充的 N 的量＝推荐的 N 用量－脲甲醛复合肥带入的 N 的量＝16－13＝3 千克。

（2）磷酸二铵中既含有 P_2O_5 又含有 N，因此，用需要补充 P_2O_5 的量计算出磷酸二铵的用量＝需要补充的 P_2O_5 的量/磷酸二铵的 P_2O_5 含量＝3/0.46＝6.52 千克。磷酸二铵中 N 的量＝磷酸二铵施入量×磷酸二铵 N 含量＝6.52×0.18＝1.18 千克。

（3）不够的氮用尿素补充，则每亩尿素施用量＝（推荐施 N 量－48％脲甲醛复合肥中的 N 量－磷酸二铵中的 N 量）/尿素含 N 量＝（16－13－1.18）/0.46＝3.96 千克。

综上，施肥方案如下。

基肥：2 000～3 000 千克/亩腐熟农家肥。

底肥：长效肥 48％脲甲醛复合肥（26－10－12）50 千克/亩、口肥磷酸二铵 6.52 千克/亩。

追肥：拔节期追尿素 3.96 千克/亩。

第二节　植物保护知识问答

1. 植物保护的主要任务是什么？

答：控制有害生物危害，保护作物健康成长，保障作物优质、高产、稳产。

2. 目前在我国农业生产中植物保护面临的两个问题是什么？

答：一是农药现代化，二是植物保护现代化。

3. 农作物病虫草鼠害防治的植保方针和理念是什么？

答：方针是预防为主，综合防治，理念是公共植保、绿色植保。

4. 农作物病虫害防治方针中的"预防为主"是什么意思？举例说明？

答："预防为主"就是在病害没发生之前，提前预防，让病虫害不发生或不严重发生。例如，预防玉米、谷子、高粱黑穗病要在播前进行种子包衣，地下害虫、苗期害虫在播前进行种子包衣或拌种均可以提前预防。

5. 农作物病虫害防治方针中的综合防治是什么意思？具体有哪些方法？

答：综合防治就是克服单纯依靠化学药剂，协调运用多种有效措施控制病虫害。具体方法有农业防治、物理防治、生物防治、化学防治。

6. 为什么要进行植物检疫？

答：防止外地的检疫性有害生物传入本地造成危害，防止本地的检疫性有害生物扩散蔓延，保护农业生产安全，服务于植物、植物产品贸易。

7. 列为检疫性病虫应具备哪几个条件？

答：仅局部地区发生且分布不广，危险性大造成损失严重，能随植物及其产品调运远距离传播。

8. 哪些物品应该接受检疫？

答：列入应施检疫的植物、植物产品名单的植物、植物产品在运出发生疫情的县级行政区域之前，必须经过检疫；凡种子、苗木和其他繁殖材料，不论是否列入应施检疫的植物、植物产品名单，不论运往何地在调运之前都必须进行检疫；对可能被植物检疫性有害生物污染的包装材料、运载工具、场地、仓库等也应实施检疫。

9. 植物检疫的重要性表现在哪几方面？

答：植物检疫是农业生产安全的保障，植物检疫是对外贸易安全的保障，植物检疫是生态安全的保障。

10. 公民在植物检疫方面有什么义务？

答：发现新的可疑植物病虫杂草时应及时向植物检疫机构报告；调运植物、植物产品要依法向植物检疫机构报检，不弄虚作假；积极配合植物检疫机构开展检疫工作；不私自夹带未检疫的植物、植物产品出入境。

11. 植物检疫机构对违反《植物检疫条例》的行政处罚措施有哪些？

答：罚款、没收非法所得、责令赔偿损失、其他处罚。

12. 用赤眼蜂防治玉米螟具有哪些优点？

答：成本低、防效好、省工省力，对人畜无毒、不杀伤天敌，对环境无污染、产品无残毒，具有显著的生态效益、经济效益和社会效益。

13. 用药剂白僵菌对玉米等秸秆进行封垛，有什么作用？

答：可防治玉米螟，这种生物防治也叫以菌治虫。

14. 用赤眼蜂防治玉米螟为什么防第一代，而不防治第二代，原理是什么？

答：防治第一代，压低虫源基数，减轻二代的危害。

15. 建平县在出苗后危害玉米的主要害虫有哪些？

答：苗期害虫、玉米螟、玉米蚜（腻虫）、双斑萤叶甲、2代和 3 代黏虫等。

16. 近几年在建平县部分玉米品种和地块上发生较重、产量损失较大的主要病害有哪些？

答：黑穗病、顶腐病、大斑病、穗腐病、北方炭疽病等。

17. 建平县的迁飞性、暴食性害虫有哪些？

答：黏虫、东亚飞蝗、草地螟。

18. 以前玉米顶腐病属无药可治的病害，现在已选出有效防治药剂，是什么药？在什么时期防治效果最好？

答：氨基寡糖素（低聚糖素），在发病初期植株未萎缩变形前喷雾防治，防效可达 95％以上。

19. 玉米、高粱丝黑穗病的综合防治方法有哪些？

答：选用抗病品种，实行轮作、深耕，播前种子药剂包衣，拔除病株烧毁或深埋。

20. 玉米、高粱、谷子在抽穗后发生了黑穗病，用什么药剂喷雾防治？

答：黑穗病是系统性侵染的病害，无药可治。

21. 近年来，在建平县常见的玉米病害中，严重影响玉米的品质和产量、能使人畜中毒和死亡的是哪种病害？为什么？

答：穗腐病，穗腐病危害玉米的果穗和籽粒，病原菌能分泌毒素，被食用后破坏人畜免疫系统，最终导致人畜中毒和死亡。

22. 2012 年 8 月中下旬，建平县北部建平、杨树岭、马场等乡镇部分品种和玉米田块都发生了大斑病，损失较重。发生这种情况的原因是什么？

答：品种不抗病，环境因素适宜（低温、冷害）导致病害严重发生。

23. 在种植高粱时，想减轻高粱蚜危害的简单方法是什么？

答：种植抗虫品种，播前用含有吡虫啉或噻虫嗪的种衣剂包衣。

24. 高粱被黏虫危害，可以用敌百虫或敌敌畏防治吗？为什么？

答：不可以，因为高粱对有机磷农药特别敏感，极易产生药害。

25. 建平县发生的 2 代和 3 代黏虫，防治指标分别是什么？

答：6 月中下旬发生的 2 代黏虫，防治指标是密植作物（小麦、谷子等）每米垄长有幼虫 10 头，高秆作物（玉米、高粱等）每百株有幼虫 30 头。8 月上中旬发生的 3 代黏虫，防治指标是密植作物（小麦、谷子等）每米垄长有幼虫 15 头，高秆作物（玉米、高粱等）每百株有幼虫 50 头。

26. 播前用适合的药剂进行谷子种子包衣，能有效防治 4 种常见病虫害，分别是什么病虫害？

答：苗期害虫，谷子粟叶甲（钻心虫），谷子白发病，谷子粒黑穗病。

27. 用谷子白发病病株喂家畜后的粪肥不经高温腐熟，施到地里后会出现什么后果？

答：由于白发病病株经牲畜消化道不能杀死白发病病菌，未经腐熟的粪肥施入地里后增加了土壤中的病菌含量，下茬再种谷子会加重谷子白发病的发生。

28. 保证粮食生产、农民增收的必要措施是什么？

答：正确合理地使用农药控制病、虫、草、鼠害。

29. 如在当地发现不认识的病虫，应向哪个部门咨询？

答：当地农业技术推广站或县植保站。

30. 植物侵染性病害的病程一般可分为几个时期，分别是什么？

答：4个时期，分别是接触期、侵入期、潜育期、发病期。

31. 对害虫的生物防治包括哪些内容？

答：以虫治虫、以菌治虫、有益生物治虫、昆虫激素治虫。

32. 买农药须"三看"，这"三看"都看什么？

答：一看标签，二看产品外观，三看产品内在质量。

33. 自 2007 年 1 月 1 日起，国家全面禁止使用的 5 种危害食品安全的高毒农药是什么？

答：甲胺磷、对硫磷、甲基对硫磷、久效磷和磷胺。

34. 禁用毒鼠强类剧毒鼠药的两高司法解释有哪些内容？

答：非法制造、买卖、运输、储存原粉、原液、制剂 500 克以上，或者饵料 20 千克以上的，处 10 年以上有期徒刑、无期徒刑或者死刑。

35. 根据辽宁省农药管理实施办法第三十条规定，将剧毒、高毒农药用于防治卫生害虫或者蔬菜、瓜果和中草药材，由农业行政主管部门责令停止违法行为，并处什么处罚？

答：一千元以上一万元以下的罚款。

36. 在农药标签上，剧毒或高毒农药是怎么标识的？

答：图形为外边一菱形框，框内有一骷髅头底下是两根交叉的骨头，并用红色字体注明"剧毒或高毒"。

37. 在农药标签上，中等毒农药是怎么标识的？

答：图形为外边一菱形框，框内有一"×"号，并用红色字体注明"中等毒"。

38. 在农药标签上，低毒农药是怎么标识的？

答：图形为外边一菱形框，框内写有红色字体"低毒"两字。

39. 在农药标签上，微毒农药是怎么标识的？

答：用红色字体注明"微毒"。

40. 何为假农药、劣质农药？

答：假农药是以非农药冒充农药或以此种农药冒充他种农药；劣质农药是所含有效成分的种类、名称与产品标签或者说明书上注明的有效成分的种类、名称不符的。

41. 大田作物喷施农药的最佳时间是几点？

答：9:00 之前、16:00 以后。

42. 农药慢性中毒指的什么？

答：连续食入、接触或吸入的量小、次数多，症状轻不易被发觉，在体内积累富集，最终导致病变。

43. "闻到死"、"三步倒"等毒鼠强类杀鼠剂为什么被国家禁用？

答：是剧毒农药，容易发生二次中毒事件，中毒后没有有效救治药剂。

44. 农药标签上都规定着每亩用药量或使用浓度，为什么？

答：因为是经过田间药效试验得出的防治效果最佳的用药量和使用浓度。

45. 种衣剂的正确使用方法是怎样的？

答：使用前先将包衣剂摇匀，与精选的良种按药种比例搅拌均匀，包衣阴干后即可播种。

46. 播前进行种子处理优点有哪些？

答：药剂利用率高，对环境污染小，减少田间农药施用量和次数，省工、节本、增效。

47. 如何正确合理使用农药？

答：把握好用药量和用水量；根据标签标注的用药量用药，不要随意加大用药量；喷药时要保证用水量，确保整株喷透，不留死角。

48. 作物发生药害后的解救方法有哪些？

答：在症状表现的初期马上浇水和喷清水，以稀释药液的浓度；追施速效肥料并浇水；摘除部分明显受害的果实或叶片；喷施植物生长调节剂。

49. 使用农药后的废弃包装物随意丢弃在田间地头会造成什么危害？

答：会造成土壤污染、环境污染、水体污染、视觉污染。

50. 大量无限制使用化学农药所造成的后果有哪些？

答：环境污染，大量杀伤天敌，用药量不断加大，防治成本居高不下，造成农产品污染等一系列问题。

51. 由于食品安全问题，人们已"谈药色变"，实际情况没那么可怕，近些年，科研部门主导研发推广了一大批高效、低毒、环境友好型农药，这些农药甚至像人们长期食用的食盐一样对人畜无害，在科学使用的前提下，对环境安全和食品安全没有风险，请举出几种生物农药？

答：几丁聚糖、武夷菌素、链霉素、苏云金杆菌、增产菌、白僵菌、棉铃虫核型多角体病毒、茶小卷叶蛾颗粒体病毒、苜蓿银纹夜蛾颗粒体病毒。

52. 同一谷种，来自不同公司，购进时都已包衣，且种植时间相同，为什么出苗后一块地白发病发生很严重，而另一块地则很轻？

答：两个公司使用的种衣剂所含药剂成分不同，发病轻的地块所使用的种衣剂里含有防治白发病的"甲霜灵"等药剂，发病重的地块所使用的种衣剂里则没有防治白发病的药剂。

53. 除草剂为什么要在无风天喷洒？

答：避免药剂随风漂移，对邻近地块产生药害。

54. 玉米田使用了残效期很长的专用除草剂，翌年能种植其他作物吗？为什么？

答：不能。易发生残留药害。

55. 2014 年建平县谷子白发病普遍发生较重的主要原因是什么？

答：种植了不抗病的品种；播前未用含有甲霜灵等药剂的种衣剂进行包衣；春季气候异常，地温冷凉，播种较早，出苗慢；春季降水较多，出苗后发病植株的病菌（灰背）随着雨水飞溅进行了再侵染。

56. 2012 年建平县谷子上 3 代黏虫暴发，而部分高粱田附近未种植谷子，高粱本身也未喷任何农药叶片却变成红色，是什么原因造成的？为什么？

答：是药害造成的。因防治谷子 3 代黏虫使用了大量敌百虫和敌敌畏等有机磷农药，空气中飘浮的农药使高粱受害；也可能是种植了对有机磷农药特别敏感的高粱品种。

57. 为什么在建平县不发生第一代黏虫？

答：黏虫在建平县不能越冬，随气流南北迁飞，第一代发生在安徽、河南、山东等地区，所以在建平县发生的是第二代和第三代。

58. 用赤眼蜂防治玉米螟，怎样才是蜂卡的正确别放方法？为什么？

答：用牙签别在玉米中上部叶片的背面；卵面朝外，别牢即可。防止新孵出的幼蜂被暴晒和雨水冲刷，提高成活率。

59. 因农活很多，赤眼蜂卡取回后先放着，忙完其他活再别放到田间，这种做法对吗？为什么？

答：不对，因赤眼蜂在高于 4 ℃的常温下，会很快出蜂，如放置时间过长，蜂都出了，再别放到田间已无防治作用。

60. 喷药时可以抽烟、喝酒、吃水果吗？为什么？

答：不可以；因为农药可经口、眼、鼻等器官传毒，有的农药还可与酒精起化学反应。

61. 玉米田使用除草剂要注意哪些事项？

答：喷药时要分清品种，不要盲目用药，否则会使一些敏感性的品种产生药害；配药时要二次稀释，不要水、药直接入喷雾器混合，若混合不均，除草效果不好；要在 9:00 前、16:00 后喷药，否则不但会影响除草效果，玉米苗也易发生药害；除草时要喷小不要喷老，最好在杂草 2 叶 1 心至 4 叶 1 心期喷药；除草兼治虫时，要与菊酯类农药混用，不要与有机磷类农药混用，同时喷药要尽量避开心叶，防止药液灌心，避免产生药害；玉米苗 5 叶后用药，要定点喷雾，不要全田喷雾，以免引起药害。

62. 苗前除草剂喷雾为什么必须在播后 3～5 天内施完？

答：苗前除草剂多为土壤处理型的除草剂，这些除草剂大多对杂草幼芽有效，施用过晚杂草已出土，除草效果不好，因此苗前除草剂必须在播后 3～5 天内施完。

63. 苗后使用除草剂，为什么要限定在 3 叶期前使用？

答：因 3 叶期前，使用除苗剂最安全，超过该时期容易对作物产生药害。

64. 如何预防除草剂药害的产生？

答：要根据不同作物、防除对象、施用时期正确选择除草剂品种；不要随意加大或减少使用剂量，根据本地土壤情况、气候条件因地制宜选择和施用除草剂；对于新成分、新混配制剂、新作物品种要先试验、示范再大面积使用；选择正确的喷施机具、防止漂移；充分考虑残留的药效对下茬作物的影响。

65. 为防韭菜、大葱、大蒜、白菜等蔬菜发生地蛆，用甲拌磷（3911）灌根，可以吗？为什么？

答：不可以。因为甲拌磷是国家规定的高毒限用有机磷农药，不能用于防治蔬菜害虫。

66. 为什么在农药使用安全间隔期内蔬菜、水果等农产品不能采收上市？

答：如果在安全间隔期内采收农产品易发生农药残留超标现象，食用后易发生中毒事件，危害人畜生命安全。

67. 蔬菜中农药残留超标会给人们带来哪些危害？

答：急性中毒会导致神经麻痹乃至死亡；慢性中毒会影响神经系统，破坏肝脏功能，造成遗传毒性，影响生殖系统，产生畸胎，导致癌症等。

68. 配制药液浓度过大，药液量不足，喷施后会产生什么后果？

答：如某农药喷洒 1 亩地需兑水 3 壶，实际配制中将这些药剂兑入 1 壶水中喷施，会导致浓度大易产生药害，药液量不够喷洒不均匀、不到位、易留死角，达不到防治效果。

69. 使用 5～6 种甚至 7～8 种农药防治一种病虫，效果一定就好，这种做法对吗？为什么？

答：不对，防治单一的病虫使用 1～2 种适宜的农药就完全可以了。用药的种类多、药量大易产生药害，浪费资金，增加环境污染，易使病虫对多种药剂产生抗药性。

70. 在生产过程中，是否一看见病虫必须马上施用农药？为什么？

答：不一定，应根据具体情况确定对于病虫害的防治是否需要使用农药。一是观察病虫害的发生程度是否达到防治指标；二是看当前的气候条件是否有利于病虫害的发展蔓延；三是观察周围的同类作物是否有同类病虫害发生流行；四是要根据田间作物长势及肥水管理条件而定。

71. 目前，苏云金杆菌杀虫剂在建平县已普遍使用，使用时应注意哪些问题？

答：确定适宜的用药时间，因为苏云金杆菌是生物农药，药效比化学农药慢些，用药时间应比化学农药提前 2～3 天，以卵孵化盛期至 1 龄幼虫期效果最好；在合适的温度下用药，在强光和25 ℃以上高温天气，应在 17:00 左右喷药为宜，喷药时要将叶片正反面喷透才能提高药效；要科学合理混用农药，在害虫大发生和多种害虫混合发生时，可与多种杀虫剂混用，但要注意不要与杀菌剂混用。

第三节　栽培技术知识问答

1. 在建平县，集成配套高产栽培技术有哪几种？

答：推广地膜覆盖栽培技术，推广秸秆覆盖免耕栽培技术，推广测土配方施肥技术，强化"大喇叭口期"肥水管理。

2. 农业生产实践中如何进行土壤耕性改良？

答：增施有机肥料；客土、深翻，改良土壤质地；合理排灌，适时耕作。

3. 优良的种子应具备哪些标准？

答：生命力强、粒大饱满、整齐度高、纯净度高、无病虫害。

4. 怎样计算株距？

答：株距（米）＝667÷密度（株/亩）÷行距（米）。

5. 机械深松整地标准是怎样的？

答：深松深度必须达到 30～35 厘米，做到上虚下实无根茬，地面平整无坷垃。

6. 对短日照植物南种北引时应引早熟品种还是晚熟品种？

答：早熟品种。

7. 农业生产中，选择品种的生育期应比当地品种的无霜期稍短还是稍长？

答：稍短。

8. 农作物的生育期指的是什么？

答：是指从出苗到成熟所经历的天数。

9. 在农业生产中，黑膜较白膜有哪些优缺点？

答：优点为黑膜能防止鸟啄；节水滴灌中，滴灌管吸热后易将白膜烤裂，对黑膜影响不大；黑膜能防止杂草。

缺点为升温慢。

10. 间混套作增产的原因是什么？

答：立体利用空间，用地养地相结合，改善田间通风透光条件，利用边际效应，增加作物的抗逆能力。

11. 田间生产防涝减灾防治措施有哪些？

答：修建田间排水沟，改良土壤结构。

12. 什么是种子"三证"？

答：种子"三证"即种子生产许可证、种子经营许可证、种子质量合格证。

13. 经济作物如何分类？分为哪几类？

答：我国经济作物的分类通常按用途和植物学相结合的方法分为 4 类：纤维作物、油料作物、糖料作物、特用作物。

14. 玉米高产栽培关键技术是什么？

答：大垄双行、地膜覆盖、膜下滴灌、缩距增株栽培。

15. 耐密型玉米品种具有哪些特点？

答：株型紧凑，小雄穗，密植而不倒，果穗全、匀、饱，耐高密度。

16. 玉米空秆发生的原因有哪些？

答：肥水不足，密度过大，田间郁蔽遮阳，低温寡照。

17. 玉米覆膜有哪些好处？

答：提温保墒，改善土壤结构，增强保肥供肥性能，有效控制草害。

18. 防止玉米空秆应采取哪几项措施？

答：加强肥水管理，合理密植，增加田间通风透光性。

19. 在耐密品种的特点中"全、匀、饱"指的分别是什么?

答:"全"指的是全有穗,"匀"指的是大小均匀一致,"饱"指的是灌浆饱满、无秃尖。

20. 玉米"大喇叭口期"是什么时期?

答:玉米第 11 片叶完全展开时。

21. 农谚道:"谷雨种大田",谷雨一般在哪一天?

答:谷雨是"雨生百谷"的意思,谷雨意味着春季马上结束,即将进入夏季。一般在每年 4 月 20 日前后。

22. "清明忙种麦"这种说法在建平县适用吗?

答:不适用,"清明忙种麦"主要适用于黑龙江、吉林等高寒地区,建平县一般种 3 月麦,不种 4 月麦。

23. 春小麦合理的种植密度是多少?

答:每亩保苗 35 万~40 万株。

24. 发现玉米田缺苗断条怎么办?

答:定苗时借埯留双株,不提倡补种或移栽。

25. 玉米促早熟的主要措施有哪些?

答:喷施叶面肥,站秆扒皮晾晒。

26. 玉米是早收好还是晚收好? 收获标准是什么?

答:晚收好。标准是果穗苞叶松散,籽粒硬化,表面有光泽,含水量降到 25% 左右,即可收获。

27. 建平县膜下滴灌玉米种植模式是怎样的？

答：主要采取大小垄种植模式，小垄行距 40 厘米，大垄行距 70～80 厘米。

28. "玉米去了头，力大赛牛"这句话是什么道理？

答：去掉雄穗，减少养分消耗，穗大增产。

29. 选玉米种子时如何把好三关？

答：第一关是选审定的品种，第二关是选高质量的种子，第三关是防假货。

30. 玉米定苗原则是什么？

答：间密留稀，间小留大，间弱留强，间病留健。

31. 玉米密植原则是什么？

答：肥地易密，瘦地易稀；紧凑型易密，平展型易稀；水浇地易密，旱地易稀；早熟矮秆易密，晚熟高秆易稀。

32. 地膜玉米什么时候播种、覆膜最好？

答：根据玉米品种生育期的长短确定，生育期 130 天左右的 4 月 20 日覆膜播种，生育期 125 天左右的 4 月 25 日左右覆膜播种。

33. 什么样的玉米品种属于耐密品种？

答：每亩保苗 4 000 株以上，耐密抗倒、高产稳产并通过审定的品种。

34. 一埯双株紧靠地膜覆盖栽培有什么好处？

答：省种子，能省 1/3 的播种量；省水，如果春季抗旱播种省 1/2 的水；省工，省 1/2 的破膜引苗用工；通风透光，能增产。

35. 玉米单粒播种的好处有哪些?

答：节省种子，节省间、定苗用工，苗齐苗壮，种植密度可控制，经济效益提高。

36. 怎样判断玉米是否成熟?

答：果穗苞叶变黄而松散；籽粒脱水变硬，有光泽；籽粒基部（胚下端）出现黑帽层。

37. 玉米、谷子、高粱都属于禾本科作物对吗?

答：对。

38. 谷子白发病的防治技术有哪些?

答：

（1）农业防治。选择抗病品种，建立无病留种田。适期晚播、浅播，促使幼苗早出土。轮作倒茬，及时拔出田间病株并带出田外烧毁或深埋。

（2）物理防治。在播前可采用温汤浸种的方法杀灭种子表面的白发病菌。

（3）种子处理。可选用35％甲霜灵拌种剂按种子量的0.2％~0.3％拌种，或80％恶双菌丹可湿性粉剂按种子量的0.25％拌种。

39. 谷子生产的重要性包括哪几点?

答：谷子抗旱、耐瘠薄、适应性广，谷子耐储藏是备荒的好粮食，小米营养丰富，谷草是牲畜的好饲料。

40. 请简述谷子的一生。

答：谷子的一生指种子从发芽开始，经过生长发育到重新结成种子为止，即谷子的整个发育过程。主要经过种子萌发、发芽、出苗，长出根、茎、叶，分化出穗，经抽穗、开花、授粉、受精、灌浆，直到新种子成熟，即完成整个生长发育过程。

41. 如何给高粱施肥？

答：根据品种需肥特性施肥，根据土壤肥力和土壤性质施肥，根据天气情况施肥，根据肥料性质施肥。

42. 马铃薯的生育期分几个阶段？

答：马铃薯的整个生育期可分为休眠期、发芽期、幼苗期、发棵期、结薯期和成熟期 6 个时期。

43. 马铃薯脱毒种薯是什么？

答：应用茎尖组织培养技术获得的、经检测确认不带病毒的再生试管苗叫脱毒苗。从繁殖脱毒苗开始，经逐代繁殖增加种薯数量的种薯生产体系生产出来的符合质量标准的各级种薯是脱毒种薯。

44. 马铃薯早疫病症状最显著特征是什么？

答：叶片出现暗褐色甚至黑色、直径 3～4 毫米、带有明显同心轮纹的病斑。

45. 烟苗移栽时剪叶器具可用什么药物消毒？

答：高锰酸钾溶液或福尔马林溶液。

46. 马铃薯应建立怎样的轮作制度才能高产？

答：谷子-薯类-玉米或豆类-薯类-玉米轮作制

47. 有机肥（农家肥）的作用有哪些？

答：农家肥可改善土壤结构，增强土壤保水、保肥能力，提供全面的营养。

48. 种薯如何浴光催芽？

答： 播种前 20～30 天将种薯平摊于有散射光的室内，催芽过程中要经常翻动，当白芽变成浓绿或绿紫色、豆粒大小的短壮芽时，即可准备切种。

49. 种薯切块以多大为宜？用种量多大？

答： 每块种薯留 1～2 个芽眼，每块种薯重量在 25～35 克，每亩用种薯 150～170 千克。

50. 种薯切块要注意哪些问题？

答： 切块时，先在脐部切一小块，发现病薯立即换刀消毒，未发现病薯时每切 10 个左右也要换刀消毒。

51. 切刀消毒的常用药剂有哪些？

答： 切块时准备两把切刀进行切块，使用 0.5% 的高锰酸钾溶液或 75% 酒精进行切刀消毒，切到病薯或烂薯后立刻换刀消毒。

52. 马铃薯一季作栽培采用地膜覆盖的作用有哪些？

答： 主要作用是保墒、疏松土壤。

53. 地膜覆盖有哪几种播种形式？

答： 第一种是先播种后覆膜，第二种是先覆膜后扎眼播种。

54. 马铃薯苗期管理的重点是什么？

答： 及时进行查苗补苗，发现缺苗立即用备用的已经催成大芽的种薯块补栽。

55. 马铃薯块茎畸形发生的原因是什么？

答： 在块茎增长期由于高温、干旱等不良条件，使得正在膨大的块茎生长受到抑制，暂时停止生长。后由于降水或灌水，生长条件得到恢复，块茎也随之恢复生长，这时进入块茎的有机营养充足，在生理活动强的芽眼处发生二次生长，形成各种畸形薯。

56. 建平县马铃薯大垄双行高产栽培技术内容有哪些？

答：建平县马铃薯在播种方式上推行大垄双行、地膜覆盖栽培，即播种时起大垄，大垄垄距 90～100 厘米，栽植双行，株距 30 厘米，覆土厚度 7～10 厘米；每亩保苗 4 500 株，每亩用种薯 150 千克，地膜采用厚 0.01 毫米、宽 90 厘米的。

57. 什么是马铃薯退化现象？

答：马铃薯种薯连续种植后，出现植株矮化，叶片卷曲、皱缩、花叶，块茎变小，产量降低等现象。这种长势衰退、茎叶病态、产量和品质降低的现象称为马铃薯退化。

58. 建平县什么时间播种大豆好？

答：当 5 厘米土层的日平均温度达到 10～12 ℃时播种最适宜，建平县一般在 4 月 25 日至 5 月 10 日。

59. 大豆什么时期间苗最好？

答：在下部两片对生单叶展开至第一片复叶展开前进行最好。

60. 建平县如何进行大豆的合理轮作？

答：可以实行玉米-谷子（或高粱）-大豆三年轮作制。

61. 大豆缺少哪种营养元素会导致"花而不实"（有花无荚）？

答：缺硼。

62. 大豆重、迎茬为什么会减产？

答：大豆重、迎茬会导致病虫草害加重；大豆残茬腐解中间产物包括微生物代谢产物会对大豆产生毒害和抑制作用；大豆重、迎茬会造成养分偏耗，如土壤磷含量下降。

63. 如何施好大豆种肥？

答：瘦地和底肥不足的田块，大豆出苗后种子中的含氮物质已基本用完，而这时根瘤尚未形成，或者固氮能力还弱，苗期常会出现缺氮现象。播种时施用少量氮肥作种肥，有促进幼苗根、叶生长的作用。施用有机肥时，一定要先腐熟，防止带菌、带毒和烧苗；施用化肥时一定要将种子与肥料隔离开来，以免烧种、烧苗。

64. 芝麻中耕锄草应遵循什么原则？

答：应遵循"两不""两必"原则。即雨前不锄，地过干过湿不锄；要做到有草必锄，雨后必锄。

65. 依据荚果形态花生主要划分为几种不同类型？

答：可分为普通型、龙生型、多粒型、珍珠豆型。

66. 为什么地膜覆盖能保墒提墒？

答：覆盖地膜后，土壤水分蒸发受到阻挡，蒸发速度减慢，总蒸发量下降，有明显的保墒作用。覆地膜后，土表温度上升，水分蒸发，促使土壤深层水分上升；又由于蒸发的水蒸气受地膜的阻隔不能散失，就在地膜下凝结成水珠，滴到土壤表面，形成土壤深层水分逐渐向上层聚积的现象，起到提墒作用。

67. 简述如何进行抗旱播种？

答：抗旱播种方法大体可分为以下三类。

（1）如土壤墒情尚好，干旱程度不重，可采用充分利用原有墒情条件的播种方法。如抢墒早播法、提墒播种法等。

（2）如已发生干旱，但深层土壤还有足以使种子发芽出苗的水分，可采用利用深层土壤水分的播种方法。如沟种法、两犁深种法、刮土播种法等。

（3）如干旱严重，只能采用通过灌溉使种子吸水发芽的播种方法。如催芽坐水播种法和润墒播种法等。

68. 如何解释"锄头底下有水又有火"？

答："有水"是指旱时锄地可以切断土壤表层的毛细管，从而减少水分蒸发，能保墒。有火是指涝时锄地，有利于土壤通气，提高地温，促进水分蒸发，有利于庄稼生长。

69. 间作套种增产的原因是什么？

答：立体利用空间，连续利用时间，协调作物之间的争地矛盾；用地养地相结合；改善田间通风透光条件；利用边行优势；增加作物的抗逆能力，使农田生态系统复杂化，作物群体的抗逆性增强。

70. 农业生产中，如何防止玉米秃尖现象？

答：选用抗病虫、适应性强、结实性好的品种，合理密植，遇不良条件时人工辅助授粉，科学肥水管理，保证大喇叭口期至灌浆期水肥供给，及时防治病虫害。

71. 农业农村部在加快玉米生产发展方案中提出的"一增四改"措施的主要内容是什么？

答："一增"就是合理增加种植密度。根据品种特性和生产条件，因地制宜地将现有品种的种植密度普遍增加 500～1 000株/亩。

"四改"一是指改种耐密型高产品种，加大耐密型品种的选育和推广力度，并逐步取代稀植大穗型品种；二是改套种为平播，逐步将黄淮海地区套种玉米全部改为免耕铁茬直播，并适当延迟收获；三是改粗放施肥为配方施肥，力争实现玉米测土配方施肥面积达到80％以上；四是改人工种植为机械化作业，发挥农机在玉米生产中的作用，减少人工播种、收割面积，逐步扩大机耕、机播、机收等玉米全程机械作业比例。

72. 提高玉米单产为什么以增加种植密度为核心？

答： 玉米亩产量是株数与平均单株产量的乘积或者亩穗数与平均单穗重的乘积。在单株产量基本稳定的前提下，每亩株数越多、产量越高。玉米是单秆作物，不像小麦、水稻等那样可以分蘖，一般每株玉米只结1个果穗。因此，要提高产量，一方面是提高和稳定单穗重；另一方面是增加株数，即增加种植密度，这对产量的提高是最直接有效的。

73. 玉米地膜覆盖栽培有哪些好处？适合哪些地区发展？

答： 玉米地膜覆盖栽培具有增温、保墒、除草等多种作用，最突出的作用是增加地温，促进玉米生长及提早成熟。有利于扩大玉米种植区域和改种生育期长、增产潜力大的品种。地膜覆盖栽培需要增加地膜投入，在积温较充足的地区不必采用。主要应用于高纬度、高海拔的冷凉玉米区，如黑龙江、内蒙古、辽宁西北部、河北北部、山西北部、宁夏、甘肃以及西南山区等地。

74. 如何做到玉米一次播种保全苗？

答： 一是购买和选用优质种子。发芽势和发芽率两项指标对玉米全苗、苗齐、苗壮起重要作用。国家规定发芽率≥85％，但许多优秀企业生产的优质种子发芽率≥95％，尤其是单粒播种使用的种子，几乎可以达到一粒种子一棵苗。二是保证底墒适宜。适宜的底墒，是保障一次播种保全苗的基础。三是播种方法和播种质量至为关键。播种方法很多，但一定要将种子播在湿土层上，覆土深度以

5～7 厘米为宜，播后要压实，以减少失墒。四是种子包衣处理。种子包衣处理可防治病虫害，还可促进生根，对苗全、苗齐、苗壮具有辅助作用。

75. 有机杂粮生产基地在地块选择及生产中应注意哪些问题？

答：在地块选择上，应远离"三废"污染源 5 千米以上；在生产中绝对禁止使用化学肥料及化学农药，全面应用有机肥、腐殖酸肥和酵素菌肥以及生物农药等。

76. 为什么谷子高产优质栽培提倡轮作倒茬？

答：轮作也叫倒茬或换茬。轮作是调节土壤肥力、防除病虫害、实现农作物优质高产稳产的重要保证。轮作倒茬可以合理利用土壤养分。大豆是深根性作物，可以利用土壤深层中的养分；谷子是浅根性、须根性作物，主要利用土壤浅层中的养分。谷子种在大豆茬上可以获得较高的产量。轮作倒茬可以消除或减轻病虫害。谷子白发病、黑穗病除经种子带菌传染外，也可经土壤传染，实行合理轮作，隔数年种植，就可以大大减轻谷子白发病、黑穗病的发生。轮作倒茬还可以抑制或消灭杂草。利用轮作倒茬中的肥茬播种谷子，是夺取谷子高产的重要途径。谷子对茬口的反应较敏感，其适宜前作依次是豆茬、马铃薯、甘薯、小麦、玉米、高粱、棉花、油菜、烟草等。

77. 谷子整地应注意什么问题？

答：谷子整地应注意以下问题：①谷地深耕包括伏耕、秋耕、春耕，春谷以秋耕最好，春耕差。一般在土壤含水量 15%～20% 整地质量最好。②播种前串地（旋耕）具有活土、除草、增温的作用，对提高播种质量、促进幼苗生长具有重要意义，还减少土壤水分散失。③耕后耙地、耢地，可有效破碎大量坷垃，减少蒸发，保墒效果较好。④串地（旋耕）后的土地，土壤疏松，水分容易大量散失，若天气干燥必须进行镇压保墒，以确保 5～10 厘米土层的含水量足够，破除坷垃，有利于种子发芽和出苗。

78. 谷子施肥应注意什么问题？

答：谷子施肥分为基肥、种肥和追肥。基肥最为重要，应随深耕一次性施入；种肥一般施用在瘠薄地上，可明显提高产量；追肥可以在拔节始期追"坐胎肥"，孕穗期追"攻籽肥"。

79. 为什么重茬种植高粱对产量有影响？

答：高粱吸肥能力强，需肥量大，对土壤中营养元素消耗量大，残留给土壤的有效养分少，对土壤结构破坏严重，使高粱茬地肥力明显下降。在肥力得不到补充的情况下，连年种植高粱势必减产。高粱重茬种植后病虫害会累积加重，尤其是黑穗病、蛴螬等病虫害更为明显。

80. 如何解决高粱早衰问题？

答：高粱早衰一般有两种情况，一种是籽粒的早衰，另一种是叶片的早衰。这两种早衰现象会严重影响高粱生产。为避免早衰，应做到以下几点：选择抗早衰的优良品种；适时播种，使高粱发育的关键时期避开高温等不良环境的影响；留分蘖，在分蘖能充分成熟的地方适当增留分蘖，不但增加单位面积的总株数，而且由于分蘖早衰现象轻、籽粒重，能提高产量。

81. 如何选择高粱品种？

答：根据当地的气候条件、土壤类型及产品的用途选择合适的高粱品种，是获得高粱高产高效的重要保证。在选择品种时，要考虑以下几个因素。

（1）要考虑品种的熟期。既要充分利用当地的光热资源，又要保证品种能够正常成熟。无霜期长的地区，可选用晚熟品种；无霜期短的地区，可选择早熟品种。

（2）要考虑产品的用途。如果用于酿酒或酿醋，应选择淀粉含量高、单宁含量较高的红粒品种；如果用于食用或饲用，则应选择蛋白质和赖氨酸含量高、单宁含量低的品种；如果作为能源使用，则应选择茎秆中糖锤度高的甜高粱品种；如果作为青饲料使用，则应选择草型高粱品种。

（3）要考虑品种的高产稳产性。应尽量选用产量潜力大的品种，同时应选择抗病、抗虫、抗逆能力强的品种，以保证稳产性。

82. 试述高粱的"粉种"及其防治？

答： 高粱播种后，若土温较低、土壤水分较多、通气性较差、氧气相对不足，则种子长时间不能发芽，从而产生酒精酵，种子发霉腐烂、失去发芽能力，这种现象叫"粉种"。

生产上为防止发生"粉种"，主要是适期播种，一般以 5 厘米平均地温达到 13 ℃作为春播的温度指标；此外，若土壤水分过多，应采取松土散墒、增温、通气等措施。

83. 马铃薯"青头"是怎样产生的？预防措施有哪些？

答： 播种深度不够，培土浅薄或不及时，垄体受到暴雨冲刷，或田间作业使得垄上的土塌落，造成块茎裸露在土表，薯皮见光后变绿。

严格控制播种深度，及时中耕培土。马铃薯播种期要及时检查播种深度，控制过浅播种。垄作时要趟成"方肩大垄"，创造块茎在土壤中生长膨大的良好条件，避免块茎露出垄外见光变绿。

84. 马铃薯晚疫病的症状、发生条件及防治方法有哪些？

答：

（1）症状。马铃薯产区，只要种植感病品种，几乎每年都会不同程度上发生晚疫病。其病原菌是致病疫霉真菌，在马铃薯的叶片和块茎上形成病斑，叶片上发病多从叶缘或叶尖开始。最初发生不规则的褐色小斑点，气候潮湿时，病叶呈水浸状，蔓延极快。叶背面健康与患病部位的交界处有一层褪绿圈，上有茸毛状的白色霉层；有时叶面和叶背的整个病斑上也可形成此种霉轮，这是晚疫病最显著的特征。

（2）发生条件。马铃薯的生长全期均可受晚疫病危害，按植株生育期，马铃薯现蕾开花后是最易感病的阶段。一般 48 小时内的最低气温不低于 10 ℃、空气相对湿度在 80％以上，早晨马铃薯植株上有露水时，应及时喷施保护药剂，防止晚疫病的流行。

（3）防治方法。75％百菌清可湿性粉剂 600 倍液，70％或80％代森锰锌可湿性粉剂 400～500 倍液喷雾。一旦发现病株，立即选用内吸治疗剂全田喷施，如 72％霜脲·锰锌（克露）可湿性粉剂 500～700 倍液，64％恶霜·锰锌（杀毒矾）可湿性粉剂400～500 倍液，烯酰·乙磷铝可湿性粉剂 400～500 倍液。根据发病程度，每隔 7 天喷药 1 次，连喷 3～4 次，不同药剂交替喷施，以免病菌产生抗药性。

85. 马铃薯畸形薯（二次生长）的形态发生原因及防止措施是怎样的？

答：

（1）畸形薯的形态。块茎不规则伸长；芽眼处直接生出子薯；芽眼处长出一个或多个匍匐茎，匍匐茎顶端又膨大成子薯；形成链状结薯；多处芽眼突出，形成肿瘤状块茎；芽眼上形成的匍匐茎伸出地面，形成新的芽条；周皮发生龟裂等。

（2）发生原因。马铃薯畸形薯的形成，主要是由土壤的高温、干旱引起的。在块茎膨大期，由于高温干旱等不良条件，正在膨大的块茎停止生长，周皮木栓化。以后由于降水或灌溉，再次给予马铃薯适宜的生长条件，但由于块茎的表皮已经木栓化，不能继续生长，只能从生理活性强的芽眼处发生二次生长，因此形成了各种畸形薯。

（3）防止措施。为防止马铃薯块茎二次生长，可增施有机肥料，增强土壤的保水、保肥能力；根据马铃薯不同生育阶段的需水情况，适时适量灌溉；加强中耕培土，减少土壤水分的蒸发；选择抗旱、不易发生二次生长的品种。

86. 马铃薯块茎黑心的症状、发生原因及防止措施是什么？

答：

（1）症状。块茎黑心即块茎黑色心腐病，其症状多出现在块茎内部，块茎外观没有症状。切开块茎后，可见中心部位呈黑色或褐色不规则斑块或斑纹，变色部位轮廓清晰，但形状不规则。有的变黑部分中空，有的变黑部分失水变硬，有的变黑部分分布在薯肉内。储藏过程中，黑心的块茎不易腐烂，但发病严重时，黑色部分延伸到芽眼部位，薯皮局部变褐并凹陷，易受细菌感染而发生腐烂。

（2）发生原因。主要原因是高温和通风不良。块茎堆积过厚、通风不良，内部供氧不足，缺氧呼吸造成块茎黑心。

（3）防止措施。在块茎储藏、运输过程中，避免高温和通风不良；储藏期间薯层不能堆积过厚，薯堆之间要留通风道，保持良好的通气性，并保持适宜的储藏温度。

87. 马铃薯退化原因及防止退化途径有哪些？

答：长期以来关于马铃薯退化的原因有多种看法，典型的有病毒学说、高温学说和种性退化学说几种。其中，病毒源的存在是内因，高温引起蚜虫迁飞是外因。

防止退化的途径：远距离高山调种，秋播留种，选育抗病品种，化学防治，采用小整薯播种，实生苗技术，茎尖脱毒技术。

88. 大豆鼓粒成熟期如何管理？

答：

（1）适时喷叶面肥。每亩用 0.3～0.5 千克尿素和 70～100 克磷酸二氢钾兑水 30 千克，叶面喷施。

（2）及时灌鼓粒水。鼓粒成熟期处于降水高峰之后，土壤水分往往不足，即农民所说的"秋吊"，有条件时可灌溉补水。

（3）拔除田间大草。在杂草种子未成熟前，可人工拔除田间大草。

（4）防治病虫害。防治荚粒虫害，如大豆食心虫和豆荚螟等。

89. 大豆需肥有何特点？

答：大豆对肥料的需求有两大特点，一是大豆自身根瘤有固氮作用，共生根瘤的固氮作用能满足高产大豆所需氮素的 1/2～2/3，若施用过多化学氮肥会对根瘤活性产生抑制作用，影响大豆固氮。但在特别缺氮的土壤上，早期施用部分氮肥，可促进幼苗迅速生长，因此，仍需施用适量的氮肥。二是大豆的营养临界期和最大吸收期都在花荚期，此期脱肥对大豆产量影响最大，往往通过种肥的深施和叶面肥追施来解决大豆后期对氮肥的需求。

90. 农民如何自留豆种？

答：大豆是自花授粉作物，可自留种，但是也不能多年自留种，这会使品种老化、品种混杂、种性退化、抗逆性减退，导致减产。应定期更新，保证种子质量。大豆留种时要注意以下几点。

（1）选择适合当地种植的优良品种。

（2）提纯复壮。在要留种的地块去杂去劣，如依据品种特性，将不同花色的植株去除，依据叶型、植株结荚和生长形态等不同及时去除弱、病、杂株，选择纯度较高、健壮整齐植株留种。待成熟后将收割或连根拔起的带种子植株风干、留株后熟，等过了农忙季节再脱粒。这种留株后熟的好处在于有利于种子中营养物质的积累，是一种保护种子生活力的安全储藏方法，种子外面有荚壳保护，可缓冲种子的湿度变化。

（3）单打、单收、单放，避免品种混杂、退化。

91. 大豆缺苗怎么办?

答: 在大豆播种后、豆瓣刚刚露头的时候,应该及时到田间察看出苗情况,若出现缺苗断垄应首先弄清原因,然后根据不同情况及时补苗。若墒情较好,但播种较浅,豆子尚未吸水膨胀,可以将豆子重新埋入湿土。若播种深度合适但墒情较差,有水浇条件的地方可以喷灌 1 遍。由于喷灌后表层容易板结,3 天后如果不下雨应该再喷 1 次,可以保证正常出苗。如果缺苗比例很小,可以人工浇水。由于播种机下籽不均匀造成缺苗时,如果墒情好应该及时人工点播补籽;如果墒情不好,豆苗长到两片真叶以上则可以移苗,移苗应该选择在 16:00 以后进行。由于地老虎等地下害虫造成的缺苗,应该先用敌百虫拌麸皮治虫,同时及时补籽。

92. 如何预防大豆倒伏?

答: 倒伏对大豆产量有较大影响,倒伏越重减产幅度越大,倒伏越早减产越多。大豆倒伏通常是由植株生长过于繁茂而引起的。为预防大豆倒伏,一是应根据种植品种特性和当地环境条件,确定合理的种植密度和种植方式,肥力好的地块密度不宜过大;二是应合理施肥,协调氮、磷、钾比例,切忌氮肥过量;三是应适时中耕,促进大豆根系发育,增强大豆抗倒伏能力;四是应根据当地大豆长势、天气变化趋势等情况,适时施用植物生长调节剂,调节剂的作用主要是降低株高和节间长度、增加茎粗,从而增强大豆抗倒伏能力。

93. 在土壤板结或整地效果差时,为提高大豆产量应采用穴播还是条播?

答: 穴播大豆是双子叶作物,拱土能力低于单子叶作物。在条播条件下,如果覆土太厚、土壤板结或坷垃过大过多,往往出现缺苗断条现象,造成大豆减产。在土壤板结或整地效果不好的地块,将条播改为 3～4 粒穴播,可以大幅度提高出苗和保苗效果,从而提高大豆群体产量。

94. 大豆脱粒后如何进行储藏?

答：大豆的储藏方法有干燥储藏法、通风储藏法、低温储藏法、密闭储藏法、化学储蓄法。

（1）干燥储藏法。一是用日光曝晒，二是用设备烘干。

（2）通风储藏。大豆在储藏过程中，要保持良好的通风，使干燥的低温空气不断穿过大豆籽粒间，从而降低温度，减少水分，防止局部发热、霉变。

（3）低温储藏。低温储藏主要通过隔热和降温两种手段实现，除冬季可自然通风降温以外，一般需要在仓房内设置隔墙、隔热材料隔热，并附设制冷设备，此法一般成本较高。

（4）密闭储藏。包括全仓密闭和单包装密闭两种，全仓密闭储藏时对建筑要求高、成本高，单包装密闭储藏可用塑料薄膜包装，此法小规模应用效果好，但也要注意水分含量不宜过高，否则亦会发生变质（主要是酸价升高，出油率降低）。

（5）化学储藏法。在大豆储藏以前或储藏过程中，均匀地加入某种能够钝化酶、杀死害虫的药品，从而达到安全储藏的目的。化学储藏法一般成本较高，而且要注意杀虫剂的污染问题。

95. 什么时期收获对大豆产量和品质最有利?

答：大豆收获应该在黄熟期后至完熟期之间进行，过早过晚收获都会降低大豆的产量和品质。适时收获应根据气候条件灵活掌握，若大豆成熟期气候干旱可适当早收，在黄熟期即可收获；如果大豆成熟期降水多、空气湿度大应该适当晚收。在大豆植株叶片还有 10% 未脱落时进行人工收割，并且应在晴天早上。

96. 大豆合理密植应遵循什么原则?

答：种植密度主要根据土壤肥力、品种特性、气温以及播种方式等确定。合理密植的原则即肥地宜稀，瘦地宜密；晚熟品种宜稀，早熟品种宜密；早播宜稀，晚播宜密；气温高的地区宜稀，气温低的地区宜密。

97. 论述向日葵虫害的危害及防治方法？

答：危害向日葵的害虫主要有棉铃虫、菜青虫、烟青虫、向日葵螟等，主要蛀食向日葵种子，其次咬食花盘和萼片，受害的花盘被蛀成多条隧道，其中充满被虫咬下的碎屑和排出的粪便，遇降水易引起腐烂，降低产量和质量，应及早防治。

向日葵收获后，及时耕翻，消灭越冬幼虫；选用耐虫害的硬壳品种；适当早播，可减轻或避免第一代幼虫危害；采用药剂防治。在产卵高峰期，每亩用苏云金杆菌可湿性粉剂 $50\sim70$ 克，兑水喷雾防治，每隔 4 天喷一次，连续喷施 $3\sim4$ 次；每亩用杀虫灵 2 号 100 克或 4.5% 高效氯氰菊酯乳油 50 毫升兑水 50 升喷雾，有触杀、胃毒、拒食和杀卵等多重作用。

98. 试述甜菜糖分积累和分布特点及其影响因素？

答：

（1）糖分含量随着生育进程而逐渐提高。糖分含量在生育前期提高较快；而在叶丛形成期和块根糖分增长期，糖分的积累速度较为缓慢，但根中糖分的绝对量显著增加；进入糖分积累期，叶、根生长速度均明显降低，而糖分积累速度明显加快。

（2）糖分在甜菜块根中分布不均匀。根头部含糖量少，根颈含糖量较高，根体中积累糖分最多。从横断面观察，含糖率由中心向外部不断增高，而后又降低。从横切面的中心起 3/4 部分含糖量最多，内层次之，外层最少。

（3）影响因素。

① 品种。选用适合当地条件的高产、高糖型品种。

② 温度和光照。后期温差大，日照充足，有利于糖分形成和积累。

③ 水分和施肥。干旱和涝害均不利于糖分形成和积累，要适

时进行水分管理。施肥方面则要适当控制氮肥，重视磷、钾肥施用。

④ 田间管理。田间管理不良或褐斑病严重往往造成根头过长、根头过大，容易形成空心根或多头根；土壤阻力大或耕作栽培不良往往会形成分叉根或多头根。

99. 试述甜菜的测产方法？

答：

（1）选取样本。样本田面积大于 10 亩（含 10 亩）取 5 个样点（梅花形法），小于 10 亩取 3 个样点（对角线法）。每个样点取 10 米长的连续 2 垄甜菜。

（2）测量样点面积。测量 10 米长 2 垄甜菜的样点面积。

（3）测量每亩有效株数。计数样点内 10 米长连续 2 垄甜菜的样点有效株数（株）。按以下公式计算样点的每亩有效株数：每亩有效株数＝样点有效株数（株）÷样点面积（亩）。

（4）测量产量。将样点的甜菜全部收获，按甜菜修削相关标准进行修削，记录样点产量（千克）。按以下公式计算样点单产：样点单产＝样点产量（千克）÷样点有效株数（株）×每亩有效株数（株/亩）。

（5）测量糖分。每个样点选取大、中、小各 5 株，共计 15 株甜菜，榨取甜菜汁，采用手持锤度计测定每株甜菜根中的锤度，按以下公式计算含糖率：含糖率 ＝ $\sum$ 每株甜菜的锤度值÷15×85％。

100. 地膜覆盖甜菜播种后如何进行田间管理？

答：

（1）放苗。甜菜播种后，要经常查田，发现覆土不严处，及时取土压埋，以防透风和地膜上下扇动，磨损地膜。当幼苗长到离地膜 1 厘米时，及时开孔放苗。

（2）适时揭膜。为了便于覆膜甜菜后期生长和防止根腐病发生，在出苗后 50 天左右，甜菜进入繁茂生长期时揭膜。

（3）揭膜前后管理。揭膜前若发现杂草，在杂草 3 厘米时，可采用土压草方法除草。揭膜后及时中耕除草，封垄时要耧碰头土。

（4）防治病虫害。甜菜上发生的虫害主要是幼苗期的象甲和金龟子，病害主要是立枯病和褐斑病。

（5）收获。地膜覆盖甜菜与露地相比，以提前 10～15 天收获为宜，否则会影响糖量和产量。收获前 20 天不要再浇水，否则糖分将明显下降。

第四节　农产品安全知识问答

1. 农产品污染的来源有哪些？

答：工业污染（废水、废气、废渣）、农业污染（肥料、农药）、生活污染（垃圾）。

2. 自 2007 年 1 月 1 日起，国家全面禁止使用的 5 种危害食品安全的高毒农药是什么？

答：甲胺磷、对硫磷、甲基对硫磷、久效磷和磷胺。

3. 绿色食品的基本特征是什么？

答：无污染、安全、优质、营养是绿色食品的基本特征。

4. 无公害农产品产地树立的标示牌上应标明哪些内容？

答：应标明范围、产品品种、责任人。

5. 生产者可以申请使用哪些相应的农产品质量标志？

答：无公害农产品、绿色食品、有机农产品、名牌农产品。

6. 按照农业标准属性，农业标准分哪几类？

答：农业技术标准、农业管理标准和农业工作标准。

7. 农业标准分为哪几级？

答：分为农业国家标准、农业行业标准、农业地方标准和农业企业标准。

8. 农产品生产要做好从"农田到餐桌"的全过程管理是指什么？

答：在农产品生产过程中要从生产基地的环境、农业投入品的质量、农产品生产过程的管理一直到采收上市至食用的全过程进行质量安全管理。

9. 农药安全间隔期指的是什么？

答：农药安全间隔期是指从最后一次施药至放牧、收获（采收）、使用消耗作物前的间隔天数，即自喷药后到残留量降到最大允许残留量所需间隔的时间。

10. 如何在生产中安排农药安全间隔期？

答：在生产中各种药剂因其分散、消失的速度不同，以及作物的生长趋势和季节等不同，具有不同的安全间隔期。在农业生产中，最后一次喷药与收获之间的时间必须大于安全间隔期，不允许在安全间隔期内收获作物。

11. 农产品生产记录包括哪些方面？

答：农产品生产记录包括使用农业投入品的名称、来源、用法、用量、使用日期、停用日期，动物疫病、植物病虫草害的发生和防治情况，收获、屠宰或者捕捞的日期。

12. 无公害农产品产地应符合什么条件？

答：产地环境符合无公害农产品产地环境的标准要求，区域范围明确，具备一定的生产规模。

13. 造成蔬菜中农药残留量严重超标的主要原因是什么?

答: 主要原因是农药施用不当,如施用蔬菜上禁用的高毒、高残留农药,甲胺磷、呋喃丹等;施用农药后未按规定的安全间隔期采收,往往提前采收;不按规定浓度施用,随意加大用量、增加施用次数。

14. 蔬菜中农药残留超标会给人们带来哪些危害?

答: 急性中毒会导致神经麻痹乃至死亡;慢性中毒会影响神经系统,破坏肝脏功能,造成遗传毒性,影响生殖系统,产生畸形怪胎,导致癌症等。

15. 为什么要禁止向农产品产地排放或者倾倒废气、废水、固体废物或者其他有毒有害物质?

答: 人类生产和生活活动过程中产生的废气、废水和固体废物等往往含有大量有毒有害物质,这些物质通过水、土壤和大气等载体或介质易被植物、动物和微生物吸收、富集,进而威胁人体健康。

16. 冒用农产品质量安全标志的行为有哪些?

答: 主要有未经认证擅自在产品上使用质量安全标志,擅自扩大、改变质量安全标志的使用范围,质量安全认证到期或被撤销后还在继续使用等。

17. 农产品包装和标识的要求是什么?

答: 农产品生产企业、农民专业合作经济组织以及从事农产品收购的单位或者个人销售的农产品,按照规定应当包装或者附加标识的,须经包装或者附加标识后方可销售。包装物或者标识上应当按照规定标明产品的品名、产地、生产者、生产日期、保质期、产品质量等级等内容，使用添加剂的，还应当按照规定标明添加剂的名称。

18. 农产品包装储运过程可能产生的危害有哪些？

答：储存过程中使用的保鲜剂、催熟剂和包装材料中有害化学物等产品会产生污染，在流通渠道中也会导致二次污染。

19. 有机产品转换期一般多长时间？

答：转换期是指从开始有机管理至获得有机认证之间的时期，转换期产品不是有机产品。从生产其他食品到有机食品需要 2～3 年转换期。

20. 使用农药的注意事项有哪些？

答：要对症施药，适时用药；要合理用药；要讲究施药方法；要合理混用农药。

21. 使用农药时要怎样对症施药、适时用药？

答：要准确识别病虫害的种类，确定重点防治对象，并根据发生期、发生程度选好合适的农药品种和剂型。

22. 怎样合理使用农药？

答：在保障防治效果的情况下，不要盲目提高药量、浓度和施药次数，避免药害。应在有效浓度范围内，尽量使用低浓度药剂进行防治，防治次数要根据药剂的残效期和病虫害的发生程度而定。

23. 施用农药时怎样是讲究施药方法？

答：要根据病害的发生部位、害虫的活动规律以及农药的剂型、农药的作用机制等，选择不同的施药方法和施药时间，以达到最高防效。

24. 合理混用农药有何优点？

答：两种或两种以上农药合理混用，可同时防治多种病虫害，减少施药次数，降低成本。

25. 有机食品标志分哪几种？

答：分为有机食品、有机转换、有机产品三种。

26. 绿色食品的优质特征指的是哪几方面？

答：绿色食品的优质特征不仅包括产品的外表包装水平高，而且还包括内在质量水准高。产品的内在质量高又包括两方面：一是内在品质优良，二是营养价值和卫生安全指标高。

27. 非法销售禁售农产品应如何处罚？

答：农产品生产企业、农民专业合作经济组织等销售禁售农产品的，责令停止销售，追回已销售的农产品，对违法销售的农产品进行无害化处理或者予以监督销毁；没收违法所得，并处 2 000 元以上 2 万元以下罚款。

28. 无公害蔬菜品种如何选择？

答：选用抗病、优质丰产、抗逆性强、适应性广、商品性好的品种。

29. 在无公害蔬菜生产中，综合运用的农业技术措施有哪些？

答：选用优良抗（耐）病品种，轮作套种，种子消毒处理，深沟高畦，合理密植，科学用水用肥，积极采用地膜覆盖、滴灌、应用遮阳网、应用防虫网等蔬菜栽培新技术。

30. 在无公害蔬菜生产中，物理防治措施有哪几种？

答：干热处理或温汤浸种消毒，太阳能高温闷棚和冬季翻耕低温杀死病菌虫卵，推广频振式杀虫灯诱杀害虫，用防虫网防虫，利用害虫的趋避性进行驱赶和诱杀等。

31. 在无公害蔬菜生产中，如何正确使用推广应用的化学农药？

答：推广应用的化学农药很多，但必须掌握病虫发生规律、适时防治、选择合适剂型、改进防治技术，做到交替使用、合理混用，遵守安全间隔期的规定，控制农药残留量。

32. 无公害蔬菜要做到哪三个不超标？

答：一是农药残留不超标，二是硝酸盐含量不超标，三是重金属和病原微生物等有害物质含量不超标。

33. 通常所说的"三品一标"指的是什么？

答：无公害农产品、绿色食品、有机农产品和农产品地理标志。

34. 有机食品与其他食品的区别是什么？

答：

（1）有机食品生产加工过程中绝对禁止使用农药等人工合成物质，并且不允许使用基因工程技术。

（2）有机食品在土地生产转型方面有严格规定。土地从生产其他食品到生产有机食品需要 2～3 年转换期，其他食品没有这项要求。

（3）有机食品在数量上进行严格控制，要求定地块、定产量，生产其他食品没有如此严格的要求。

35. 国家禁止（停止）使用的农药有哪些？

答：六六六、滴滴涕、毒杀芬、二溴氯丙烷、杀虫脒、二溴乙烷、除草醚、艾氏剂、狄氏剂、汞制剂、砷类、铅类、敌枯双、氟乙酰胺、甘氟、毒鼠强、氟乙酸钠、毒鼠硅、甲胺磷、对硫磷、甲基对硫磷、久效磷、磷胺、苯线磷、地虫硫磷、甲基硫环磷、磷化钙、磷化镁、磷化锌、硫线磷、蝇毒磷、治螟磷、特丁硫磷、氯磺隆、胺苯磺隆、甲磺隆、福美胂、福美甲胂、三氯杀螨醇、林丹、硫丹、溴甲烷、氟虫胺、杀扑磷、百草枯、2，4-滴丁酯。

注：氟虫胺自 2020 年 1 月 1 日起禁止使用，百草枯可溶胶剂自 2020 年 9 月 26 日起禁止使用，2，4-滴丁酯自 2023 年 1 月 29 日起禁止使用，溴甲烷可用于"检疫熏蒸处理"，杀扑磷已无制剂登记。

36. 国家在部分范围禁止使用的农药有哪些？

答：禁止甲拌磷、甲基异柳磷、克百威、水胺硫磷、氧乐果、灭多威、涕灭威、灭线磷在蔬菜、瓜果、茶叶、菌类、中草药材上使用，禁止用于防治卫生害虫，禁止用于水生植物的病虫害防治。禁止甲拌磷、甲基异柳磷、克百威在甘蔗作物上使用。禁止内吸磷、硫环磷、氯唑磷在蔬菜、瓜果、茶叶、中草药材上使用。禁止乙酰甲胺磷、丁硫克百威、乐果在蔬菜、瓜果、茶叶、菌类和中草药材上使用。禁止毒死蜱、三唑磷在蔬菜上使用。禁止丁酰肼（比久）在花生上使用。禁止氰戊菊酯在茶叶上使用。禁止氟虫腈在所有农作物上使用（玉米等部分旱田种子包衣除外）。禁止氟苯虫酰胺在水稻上使用。

37. 蔬菜上施用农药时应注意哪些事项？

答：

（1）选用低毒农药。随着化学工业的不断发展，农药的种类越来越多，防治某一种病虫害可以选择多种药剂。为了人畜的安全，在能防治病虫害的前提下，应选择低毒、低残留的农药品种。

（2）保证药效的同时配药浓度要低。当选用的农药品种确定后，配制药剂时应选择药效范围的下限。因为施用低浓度的药液，既是为了人畜安全，可以降低成本，又可以预防残留病虫个体产生抗性，从而延长农药的使用寿命。

（3）各种农药交替施用。由于菜田病虫害种类繁多，发展速度快，施药也频繁，如果连续施用同一种药剂，防治对象会对药剂产生抗性，使药效降低。为此，应将一些药效相同的不同品种药剂交替施用，以避免抗性的产生。

（4）用药要注意时间性。所谓用药的时间性有两层意思：一是在病虫害发生的时候，抓住时机及时用药，越快越好，以免错过产生最佳药效的时间；二是用药时要根据蔬菜的生育期调整农药的浓度和施用量，因为蔬菜不同的生育期对农药的浓度和施药量的要求是不同的。

38. 如何防止和减少农药在种植业产品中的残留？

答：遵守农药安全使用规定，严格控制农药使用的范围、次数、浓度、用量；弄清病虫害种类，对症下药，避免盲目用药和滥用药；科学合理使用农药，选择最佳防治时期用药；选择合理的施药方式；尽量选用生物农药和高效、低毒、低残留农药；严格遵守农药的安全间隔期。

39. 绿色食品必须同时具备的条件是什么？

答：产品或产品原料产地必须符合绿色食品生态环境质量标准；农作物种植、食品加工必须符合绿色食品的生产操作规程；产品必须符合绿色食品质量和卫生标准；产品外包装必须符合国家食品标签通用标准，符合绿色食品特定的包装、装潢和标签规定。

40. 无公害蔬菜怎样施肥？

答：（1）基肥。每亩优质有机肥施用量不低于 3 000 千克，有机肥料应充分腐熟。氮肥总用量的 30％～50％、大部分磷、钾肥可基施，结合整地与耕层分层施用。适当补充钙、铁等中微量元素。

（2）追肥。追肥以速效氮肥为主，应根据土壤肥力和生长状况分期施用，并注意追施速效磷、钾肥。收获前 20 天内不应施用速效氮肥。合理采用根外施肥技术，通过叶面喷施快速补充营养。

41. 无公害蔬菜有害生物防控技术有哪些？

答：

（1）加强蔬菜检疫和病虫害预测预报工作。

① 加强对蔬菜种子、种苗的检疫，防止危害性的病虫草害及其他有害生物随着蔬菜种子、种苗传播和蔓延。

② 加强蔬菜病虫害的预测预报工作，采取针对性防治措施，将病虫害控制在发生之前或发生初期阶段。

（2）综合运用农业技术措施。综合运用先进的栽培技术，创造有利于蔬菜生育而不利于病虫发生的环境条件，从而控制部分病虫害发生和蔓延，使蔬菜健壮生长和正常发育，增强植株抵抗力。

（3）大力发展生物防治技术。利用生物天敌防治蔬菜病虫害，做到以虫治虫、以菌治菌、以菌治虫，尽可能不用或少用化学农药。

（4）科学实行物理防治措施。应用物理防治措施，可有效防治蔬菜病虫害，而且能使蔬菜不受污染。

（5）严格控制化学防治措施。正确使用农药，严格控制化学防治措施是无公害蔬菜生产的关键。严禁使用高毒、高残留农药，推广使用高效、低毒、低残留农药。

42. 无公害蔬菜产地如何选择？

答： 无公害蔬菜产地应选择生态条件良好，远离污染源，地势平坦，排灌方便，土壤耕层深厚，土壤结构适宜，理化性状良好，土壤肥力较高，具有可持续生产能力的农业生产区域。

43. 购买农药时注意事项有哪些？

答：

（1）购药时要认真识别农药的标签和说明，凡是标签和说明书识别不清或无正规标签的农药不要购买。

（2）如果粉剂、可湿性粉剂、可溶性粉剂有结块现象，水剂有混浊现象，乳油剂不透明，颗粒剂中粉末过多等现象出现，应注意看生产日期和有效期，以确定是否属失效农药。

（3）选购农药时要注意一药多名或一名多药的情况，要看清农药的有效成分，仔细辨别、对比并加以咨询，不要买错药或花冤枉钱。

（4）在购买农药时应该索要发票，一旦出现问题有追溯的根据。

44. 购买农药时怎样识别农药的标签和说明？

答：凡是合格的商品农药，在标签和说明书上都会标明农药品名、有效成分含量、注册商标、批号、生产日期、保质期，并有农药登记证号、批准证号、产品标准号这"三证"号，而且附有产品说明书和合格证，"三证"不全的农药不要购买。此外，还要仔细检查农药的外包装，标签和说明书识别不清或无正规标签的农药不要购买。

45. 不使用任何农药生产出来的农产品就是无公害农产品吗？

答：无公害农产品是指产地环境、生产过程和产品质量都符合无公害农产品标准的农产品，不是指不使用农药，而是指合理使用化肥和农药，在保证产量的同时，确保产地环境安全和产品安全。所以不使用任何农药生产出的农产品也不一定是无公害农产品。

46. 种植安全农产品时，如何进行产地选择？

答：要种植出安全的农产品，产地要选择生态条件良好、远离污染源并具有可持续生产能力的农业生产区域。产地最好集中连片，具有一定的生产规模，产地区域范围明确，产品相对稳定。绿色、无公害农田要与常规生产的农田保持百米以上的距离。产地区域范围内、灌溉水上游、产地上风向，均没有会对产地构成威胁的污染源，尽量避开公路主干线。

47. 不能作为食用农产品种植业的生产基地的情况有哪些？

答：产地周围及产区内有工矿企业、医院等污染单位；产地为农作物病虫害的高发区；产地不具备水源和排灌条件，土质不符合条件且无法改造的地区；通过对产地环境质量指标进行检测评价，综合污染指数不达标的；土壤或水源中有害矿物质含量过高的。

48. 选购农业生产资料应注意什么？

答：农资供应商必须持有所经销产品的经营许可证，否则属于非法经营；销售的作物种子必须经过审定或省级农业部门的认定（核对该品种的审定和认定的编号），进口的或跨区域的种子应附有检疫合格证；农药和肥料必须具有产品登记许可证、生产许可证、标准证（即"三证"齐全），产品包装和使用说明应符合国家规范要求，才算是合法的产品。

49. 农作物采收与加工过程中需要注意什么？

答：配备专用的采收机械、器具，并保持洁净、无污染；保持采后处理区清洁卫生；清洗用水应满足相关要求；要使用合格的农产品采后处理化学物品，包括洗涤剂、消毒剂、杀虫剂和润滑剂等，按照产品说明书使用，做到正确标记、安全储存；种植者应当自行或者委托检测机构对农产品质量安全状况进行检测，做好质量控制。

50. 在种植产品包装与运输中，如何保障质量安全？

答：应采用适宜的包装方式，避免农产品在储存过程中受到破坏及污染；包装材料应符合相应的卫生标准，禁止使用化肥或农药袋装运粮食；在运输过程中，应保持运输车辆的清洁卫生，保持包装的完整性，不应与其他有毒、有害物质混装。运输车辆应具有较好的抗震、通风等性能。

51. 什么样的农产品不得销售？

答：含有国家禁止使用的农药、兽药或者其他化学物质的，农药、兽药等化学物质残留或者含有的重金属等有毒有害物质不符合农产品质量安全标准的，含有的致病性寄生虫、微生物或者生物毒素不符合农产品质量安全标准的，使用的保鲜剂、防腐剂、添加剂等材料不符合国家有关强制性技术规范的，其他不符合农产品质量安全标准的农产品不得销售。

52. 农业生产过程中不合理施用化肥、农药会带来哪些危害？

答：过量和不合理施用化肥，会带来化肥养分污染环境的问题；过量和不合理施用农药，会造成农产品质量安全危害，同时大量有毒有害物质残留于土壤、水体和空气中，造成严重的产地环境污染。

53. 农产品质量安全体系涉及哪些范围？

答：农产品质量安全体系包括农产品的生产者和销售者，包括农产品质量安全管理者和相应的检测技术机构和人员等，包括产地环境、农业投入品的科学合理使用、农产品生产和产后处理的标准化管理，也包括农产品的包装、标识、标志和市场准入管理。

54. 建平县蔬菜农药残留超标的主要原因是什么？

答：

（1）种植队伍扩大，生产水平不高。家庭形式的小规模多元化种植，水平低、技术和信息滞后。部分新蔬菜的种植群体，急于求成心理强，盲目性较大，依赖农药销售人员推荐和提供防病治虫的农药，过分注重化学农药的效果，为达到效果甚至使用高毒、高残留农药。

（2）农药销售体系不良。农药销售摊点多，任职农药销售人员的业务技术和知识水平参差不齐，常从自身的经济利益出发推销农药，一旦出现防治效果不好，又会以增加混用种类或加大用量的方式等推荐防治，甚至销售禁用农药。

（3）无害化治理难度大。蔬菜病虫害种类多、危害重、差异大。目前农药种类多，同种异名现象严重，大量存在擅自扩大防治对象的使用范围误导菜农的现象。原有的一些高效、低毒、低残留农药也因产生抗药性而失去了作用，另一些低毒、低残留农药和生物农药因成本、使用技术和防治效果等原因尚未被菜农完全接受。

55. 控制建平县蔬菜农药残留超标应采取哪些对策？

答：提高农药销售人员和菜农安全合理使用农药的业务素质；选用抗（耐）病虫品种，合理布局茬口，建立间作、轮作制度，加强栽培管理；大力推广地膜、防虫网、性诱剂、频振式诱虫灯等，完善各种物理防治措施；积极应用生物农药，利用赤眼蜂等天敌创造一个有利于作物生长发育及各类天敌繁衍，而不利于有害生物滋生发育的环境；使用高效、低毒、低残留农药，尽可能减少化学农药使用次数和使用量，保证农药安全间隔期，禁止使用禁用农药；应用新型高效喷洒机械，推广"精、准"施药技术，提高农药的有效率，减少农药使用量。

56. 农产品质量安全的潜在危害因素包括哪些？

答：对农产品质量安全可能造成直接和长期的影响的危害因素主要包括农业种养殖过程可能产生的危害，农产品包装储运过程可能产生的危害，农产品自身的生长或发育过程中产生的危害，农业生产中新技术应用产生的危害。

57. 生产者在农产品生产中应遵守的规定有哪些?

答:农产品生产者在生产过程中应当遵守相应的质量安全规定,主要包括:依照规定合理使用化肥、农药、兽药、饲料和饲料添加剂等农业投入品,严格执行农业投入品使用安全间隔期或者休药期的规定;禁止使用国家明令禁止使用的农业投入品,防止因违反规定使用农业投入品危及农产品质量安全;依照规定建立农产品生产记录,如实记载使用农业投入品的有关情况、动物疫病和植物病虫害的发生和防治情况,以及农产品收获、屠宰、捕捞的日期等情况;对生产的农产品质量安全状况进行检测,经检测不符合农产品质量安全标准的,不得销售;农产品在包装、保鲜、储存、运输中使用的保鲜剂、防腐剂和添加剂等材料,应当符合国家有关强制性的技术规范。

58. 无公害农产品的标志及其含义是什么?

答:无公害农产品标志见图 3-1。

图 3-1 无公害农产品标志

无公害农产品的标志是绿色的,主要由麦穗、对勾和无公害农产品字样组成。麦穗代表农产品,对勾表示合格,金色寓意成熟和丰收,绿色象征环保和安全。

59. 绿色食品的标志及其含义是什么？

答：绿色食品标志见图 3-2。

图 3-2　绿色食品标志

绿色食品的标志是绿色的，由三部分构成，即上方的太阳、下方的叶片和蓓蕾。标志图形为正圆形，意为保护、安全。整个图形表达明媚阳光下的和谐生机，提醒人们保护环境，创造自然界新的和谐。

60. 有机食品的标志及其含义是什么？

答：有机食品标志见图 3-3。

图 3-3　有机食品标志

有机食品的标志采用人手和叶片为创意元素。一是一只手向上持一片绿叶，寓意人类对自然和生命的渴望；二是两只手一上一下握在一起，将绿叶拟人化为自然的手，寓意人类的生存离不开大自然的呵护，人与自然需要和谐美好的生存关系。有机食品概念的提出正是这种理念的实际应用。人类的食物从自然中获取，人类的活动应尊重自然规律，这样才能创造良好的、可持续发展的空间。

61. 什么是有机农业？有机农业有哪些特点？

答：有机农业是指作物种植与畜禽养殖过程中不使用化学合成农药、化肥、生长调节剂、饲料添加剂等物质以及基因工程生物及其产物，而且遵循自然规律和生态学原理，协调种植业与养殖业的平衡，采取一系列可持续发展农业技术，维持持续稳定的农业生产的过程。

有机农业的特点可归纳为四个方面：建立循环再生的农业生产体系，保持土壤的长期生产力；把系统内的土壤（富含微生物）、植物、动物和人类看做相互关联的有机整体，应受到同等关心和尊重；采用土地与生态环境可以承受的方法进行耕作，按照自然规律从事农业生产，完全不使用人工合成的肥料、农药、生长调节剂等，充分体现农业生产的天然性；有机农业生产体系的产品是完全按照规定的程序和标准加工成的有机食品。

第五节　农业相关知识问答

1. 什么是家庭农场？

答：家庭农场是指以家庭成员为主要劳动力，从事农业规模化、集约化、商品化生产经营，并以农业为主要收入来源的新型农民经营主体。

2. 家庭农场创办的具体步骤是什么？

答：先到村委会、乡镇政府对申报材料进行初审，初审合格后报县级农业部门复审，复审通过的，报县农业行政管理部门批准后，由其认定其专业农场资格，作出批复，并推荐到县工商行政管理部门注册登记。

3. 什么是反租倒包？

答：龙头企业先以向家庭农场租赁土地的方式，取得土地的使用权；再以新的条件承包给家庭农场。

4. 美丽乡村环境友好型技术有哪些？

答：秸秆综合利用技术、沼气技术、农作物病虫害绿色防控技术、保护性耕作技术、新能源开发利用技术。

5. 农村土地的具体含义是什么？

答：农村土地指农民集体所有和国家所有依法由农民集体使用的耕地、林地、草地，以及其他依法用于农业的土地。

6. 土地流转的含义是什么？

答：土地流转的含义是指拥有土地承包经营权的农户，将土地承包经营权（使用权）转让给其他农户或经济组织。即保留承包权，转让承包经营权（使用权）。

7. 什么是农业合作社？

答：农业合作社是在农村家庭承包经营基础上，同类农产品的生产经营者或同类农业经营服务的提供者、利用者，自愿联合、民主管理的互助性经营组织。

8. 农业市场营销的九个阶段是什么？

答：集中、运输、储存、分级、加工、深加工、包装、分销、零售。

9. 什么是农超对接？

答：农超对接是指农产品的生产者（或合作社）直接把生产的产品出售给超市，或超市直接向生产者（或合作社）采购他们生产的农产品的一种模式。

10. 什么是农业信息化？

答：在农业领域全面地发展和应用现代信息技术，使之渗透到农业生产、市场、消费及农村社会、经济、技术等各个具体环节的全过程，从而极大地提高农业效率和农业生产水平。

11. 农产品经纪人的基本概念是什么？

答：农产品经纪人是指从事农产品收购、储运、销售、销售代理、信息传递、服务等中介活动而获得佣金或利润的人员。

12. 高素质农民的特点有哪些？

答：高素质农民是市场主体，传统农民主要维持生计，而高素质农民充分进入市场争取利益最大化，具有较高收入。高素质农民把务农作为终身职业，具有稳定性。高素质农民具有现代企业观念，有文化、懂技术、会经营，对生态、环境、社会和后代有强烈的责任感。

13. 实施农超对接有哪些模式？

答：超市＋农民专业合作社＋农户、超市＋自营农场＋农户、超市＋大型农产品经销企业（龙头企业）＋农民专业合作社＋农户，其中超市＋农民专业合作社＋农户占绝大多数。

14. 农产品包装有哪些功能？

答：保护商品，便于运输、储存、携带和使用，促进销售，增加商品的价值，环保功能。

15. 农产品包装设计应遵循哪些原则？

答：产品包装要符合消费者观念的变化，满足消费者的心理变化，体现消费者个性，产品包装更换时要慎重，产品包装要适度，包装图案的设计必须以吸引顾客注意力为中心，包装设计要考虑文化这一因素，重视防止包装的模仿和盗版。

16. 国家为了保护农业生产出台了哪些法律、条例？

答：有《中华人民共和国农业法》《中华人民共和国农业技术推广法》《农药管理条例》《植物检疫条例》《中华人民共和国农产品质量安全法》等。

17. "农业推广"一词的应用最早是在哪个国家、哪年提出的？

答：美国，1914年。

18. 农业技术推广应当遵循什么原则？

答：有利于农业的发展；尊重农业劳动者的意愿；因地制宜，通过试验、示范；国家、农村集体经济组织扶持；实行科研单位有关院校、实验机构与群众性科技组织、科技人员、农业劳动者相结合；讲求农业生产的经济效益、社会效益和生态效益。

19. 《中华人民共和国农业技术推广法》中的农业技术推广指的是什么？

答：是指通过试验、示范、培训、指导以及咨询服务等，把农业技术普及应用于农业生产产前、产中、产后全过程的活动。

20. 启动实施高素质农民培育工程应重点探索何种培育制度？

答：重点探索构建"三位一体、三类协同、三级贯通"的高素质农民培育制度。

"三位一体"的培育环节是教育培训、认定管理、政策扶持。

"三类协同"的培育对象有生产经营型、专业技能型、社会服务型。生产经营型主要培育对象是专业大户、家庭农场主、农民合作社骨干等。专业技能型主要培育对象是长期、固定受雇于新型农业经营主体的人员。社会服务型主要培育对象是长期从事农业产前、产中、产后服务的农机服务人员、统防统治植保员、农村信息员、农村经纪人、土地仲裁员、测土配方施肥员等。

"三级贯通"的证书等级分为高素质农民证书初、中、高三级。

21. 简述土地承包经营权流转应当遵循哪些原则?

答: 平等协商、自愿、有偿,任何组织和个人不得强迫或者阻碍承包方进行土地承包经营权流转;不得改变土地所有权的性质和土地的农业用途;流转的期限不得超过承包期的剩余期限;受让方须有农业经营能力;在同等条件下,本集体经济组织成员享有优先权。

22. 农业政策对农业发展有什么作用?

答: 指导作用,即通过确定农业发展的客观方向,为微观主体提供宏观指导;协调作用,即协调农业发展过程中的各种利益关系和矛盾;激励作用,即通过政策调动、保护农民的积极性;调控作用,即通过各种政策实现政府对农业发展的宏观调控;约束作用,即政策对经营主体的行为所形成的某种限制。

23. 我国促进农业生产发展的措施有哪些?

答: 制订和实施农业发展规划,促进形成合理的区域布局;支持农民和农业生产经营组织;加强农业和农村基础设施建设,改善农业生产条件;扶持良种选育、生产和推广使用;加强农村农田水利建设和管理,发展节水型农业;推动农业机械化和农业气象事业的发展；保障农产品质量安全，发展优质农产品生产；实行动植物检疫、防疫制度；建立健全农业生产资料质量管理和安全使用制度。

24. 土地承包的程序是怎样的？

答：由本集体经济组织成员组成的村民会议选举产生承包工作小组；承包工作小组依照法律、法规的规定拟定并公布承包方案；召开村民会议，讨论通过承包方案；公开组织实施承包方案；签订承包合同；县级以上地方人民政府应当向承包方颁发土地承包经营权证或者林权证等证书，并登记造册，确认土地承包经营权。

25. 成为农民专业合作社成员的条件有哪些？

答：个人成为农民专业合作社组织成员的条件是具有民事行为能力。企业、事业单位或者社会团体成为农民专业合作社组织成员的条件是从事与农民专业合作社业务直接有关的生产经营活动，但是具有管理公共事务职能的单位不得加入农民专业合作社。个人或组织应当共同具备的条件是能够利用农民专业合作社提供的服务，承认并遵守农民专业合作社章程，履行章程规定的入社手续。

26. 建设社会主义新农村应把握的原则有哪些？

答：必须坚持以发展农村经济为中心，进一步解放和发展农村生产力，促进粮食稳定发展、农民持续增收。必须坚持农村基本经营制度，尊重农民的主体地位，不断创新农村体制机制。必须坚持科学规则，实行因地制宜、分类指导，有计划、有步骤、有重点地逐步推进。必须坚持发挥各方面积极性，依靠农民辛勤劳动、国家扶持和社会力量的广泛参与，使新农村建设成为全党全社会的共同行动。

27. 建设社会主义新农村应处理好哪些关系？

答：要正确把握和处理好推进新农村建设与做好"三农"工作

的关系；要正确把握和处理好推进新农村建设与城镇化的关系；要正确把握和处理好农民自力更生与国家政策扶持的关系；要正确把握和处理好创新投资体制与增加资金投入的关系；要正确把握和处理好搞好试点示范与做好面上推广工作的关系。

28. 现代农业与传统农业的区别有哪些？

答：

（1）生产目标。传统农业以产量最大化为生产目标，而增产的主要手段就是加大劳动力的投入；现代农业以追求利润的最大化为生产目标，以一定的投入换取最大限度的利润。

（2）技术含量。传统农业技术含量低，农业生产所需的劳动力数量较多，国家对农业的投入较少，农业机械化的应用和推广往往受到限制；现代农业是用现代科学技术武装起来的农业，现代农业要素投入增长，农业现代科学技术含量提高，农业部门劳动力容量减少。

（3）经营规模。传统农业主要是分散的小户经营；现代农业需实现一定程度的规模经营，这种规模应适度。

29. 家庭农场经营者必须具备哪些基本要求？

答：原则上是本村的农户家庭，常年务农人员至少在 2 人以上（含 2 人），特殊情况下也可以是本镇或本区户籍农户家庭，主要依靠家庭人员劳动完成农田的耕、种、管、收等主要农业生产活动。男性年龄为 25～60 周岁，女性年龄为 25～55 周岁，在当地务农人员不足的情况下，经村民代表大会讨论决定，年龄可以适当放宽。具备相应的生产经营能力和一定的农业生产经验，掌握必要的农业种植技术，能熟练使用农用机具。

附　录

附录 1　土壤养分丰缺指标

土壤养分丰缺指标见附表 1～附表 5。

附表 1　土壤酸碱度评价指标

	极酸	酸性	中性	碱性	极碱
pH	<4.5	4.5～6.5	6.5～7.5	7.5～8.5	>8.5

附表 2　土壤有机质和全氮评价指标（％）

	缺乏	中等	丰富
有机质	<1.5	1.5～2.5	>2.5
全氮	<0.06	0.06～0.10	>0.10

注：1％＝10 克/千克。

附表 3　土壤大中量元素评价指标（毫克/千克）

元素	分级				
	极缺	缺	中	丰富	偏高
碱解氮	<50	50～100	100～150	150～200	>200
速效磷	<5.0	5～10	10～20	20～40	>40
速效钾	<50	50～100	100～150	150～250	>250
交换钙	<100	100～250	250～1 000	1 000～2 000	>2 000
交换镁	<25	25～50	50～100	100～200	>200
有效硫	<10	10～16	16～30	30～50	>50

附表 4　土壤微量元素评价指标（毫克/千克）

微量元素	分级				
	很低	缺	中	高	很高
铁	<2.5	2.5~4.5	4.5~10.0	10.0~20.0	>20.0
锰	<5.0	5.0~10.0	10.0~20.0	20.0~30.0	>30.0
铜	<0.1	0.1~0.2	0.2~1.0	1.0~2.0	>2.0
锌	<0.5	0.5~1.0	1.0~2.0	2.0~4.0	>4.0
硼	<0.25	0.25~0.5	0.5~1.0	1.0~2.0	>2.0
钼	<0.10	0.10~0.15	0.15~0.20	0.20~0.30	>0.30

附表 5　菜园土壤有效大中量元素评价指标（毫克/千克）

元素	分级			
	极缺	缺	适宜	偏高
碱解氮	<100	100~200	200~300	>300
速效磷	<30	30~60	60~90	>90
速效钾	<80	80~160	160~240	>240
交换钙	<240	24~480	480~720	>720
交换镁	<60	60~120	120~180	>180
有效硫	<15	15~30	30~40	>40

附录 2　主要农作物形成 100 千克经济产量吸收的氮、磷、钾量

主要农作物形成 100 千克经济产量吸收的氮、磷、钾量见附表 6。

附表6　主要农作物形成100千克经济产量
吸收的氮、磷、钾量（千克）

作物	收获物	吸收量		
		氮（N）	五氧化二磷（P₂O₅）	氧化钾（K₂O）
水稻	籽粒	2.25	1.10	2.70
冬小麦	籽粒	3.00	1.25	2.50
春小麦	籽粒	3.00	1.00	2.50
大麦	籽粒	2.70	0.90	2.20
玉米	籽粒	2.57	0.86	2.14
谷子	籽粒	2.50	1.25	1.75
高粱	籽粒	2.60	1.30	1.30
甘薯	鲜块根	0.35	0.18	0.55
马铃薯	鲜块根	0.50	0.20	1.06
大豆	豆粒	7.20	1.80	4.00
豌豆	豆粒	3.09	0.86	2.86
花生	荚果	6.80	1.30	3.80
向日葵	种子	6.80	1.60	15.2
油菜	菜籽	5.80	2.50	4.30
芝麻	籽粒	8.23	2.07	4.41
烟草	鲜叶	4.10	0.70	1.10
大麻	纤维	8.00	2.30	5.00
甜菜	块根	0.40	0.15	0.60

（续）

作物	收获物	吸收量		
		氮（N）	五氧化二磷（P_2O_5）	氧化钾（K_2O）
甘蔗	茎	0.19	0.07	0.30
黄瓜	果实	0.40	0.35	0.55
架芸豆	果实	0.81	0.23	0.68
茄子	果实	0.30	0.10	0.40
番茄	果实	0.45	0.50	0.50
胡萝卜	块根	0.31	0.10	0.50
萝卜	块根	0.60	0.31	0.50
卷心菜	叶球	0.41	0.05	0.38
洋葱	葱头	0.27	0.12	0.23
芹菜	全株	0.16	0.08	0.42
菠菜	全株	0.36	0.18	0.52
大葱	全株	0.30	0.12	0.40
白菜	全株	0.41	0.14	0.37
苹果	果实	0.30	0.08	0.32
梨	果实	0.47	0.23	0.48
草莓	果实	0.40	0.10	0.45
葡萄	果实	0.60	0.30	0.72
桃	果实	0.48	0.20	0.76

附录 3　建平县各乡（镇、街道、农场）耕地土壤主要养分平均含量

建平县各乡（镇、街道、农场）耕地土壤主要养分平均含量见附表 7。

附表 7　建平县各乡（镇、街道、农场）耕地土壤主要养分平均含量

乡（镇、街道、农场）	村名	有机质（克/千克）	pH	碱解氮（毫克/千克）	有效磷（毫克/千克）	速效钾（毫克/千克）	有效铁（毫克/千克）	有效锰（毫克/千克）	有效铜（毫克/千克）	有效锌（毫克/千克）
八家国营农场	八家分场	9.6	8.48	66.8	3.2	104.3	14.6	19.8	0.9	1.3
	董家沟分场	9.5	8.50	64.9	2.1	113.4	13.8	22.8	0.9	1.3
	平房分场	10.3	8.41	71.1	2.5	116.4	14.7	21.6	0.9	1.2
	山根分场	9.4	8.63	61.8	3.7	113.6	20.6	21.2	1.0	1.2
	新房身分场	10.1	8.57	67.5	4.4	108.3	19.7	17.7	0.9	1.1
	尧都地分场	8.8	8.51	63.2	3.6	117.0	16.0	21.9	0.9	1.3
白山乡	长汉池村	13.4	8.42	80.9	6.3	140.7	15.7	22.9	0.9	0.9
	大城村	13.6	8.21	87.4	8.8	140.2	17.4	21.8	0.9	0.8
	旦州城村	13.5	8.38	90.3	6.7	136.3	16.4	20.8	0.8	0.9
	嘎海吐村	12.6	8.36	79.9	6.2	143.8	15.0	23.0	0.8	1.0
	高板城村	13.7	8.18	84.0	5.4	145.9	18.4	22.4	0.8	0.8
	水泉村	13.9	8.19	77.4	5.9	143.5	14.7	22.1	1.1	0.8
	四汗城村	13.8	8.25	84.7	5.2	144.5	21.2	23.3	0.7	0.8
	洼子沟村	13.2	8.18	85.0	7.8	145.0	15.7	21.8	1.0	0.7
	扎兰城村	13.6	8.39	83.4	5.2	144.0	14.2	20.4	0.9	1.0

（续）

乡（镇、街道、农场）	村名	有机质（克/千克）	pH	碱解氮（毫克/千克）	有效磷（毫克/千克）	速效钾（毫克/千克）	有效铁（毫克/千克）	有效锰（毫克/千克）	有效铜（毫克/千克）	有效锌（毫克/千克）
	北二十家子村	13.9	8.41	88.6	9.2	115.3	13.9	14.4	0.5	1.6
	朝阳山村	9.5	8.52	75.5	4.6	114.8	19.2	14.9	0.6	1.2
	陈家店村	12.1	8.36	89.5	5.2	106.1	7.9	13.2	0.5	1.5
	大地村	12.4	8.43	87.9	7.1	116.0	14.4	15.0	0.5	1.6
	丰山村	12.3	8.41	90.1	6.4	103.1	8.9	14.9	0.5	2.0
北二十家子镇	郭杖子村	9.4	8.48	78.0	5.9	121.5	22.4	17.4	0.7	1.1
	化匠地村	12.3	8.39	89.2	6.4	103.8	8.6	14.6	0.5	1.6
	南十家子村	11.7	8.32	85.2	7.5	112.0	10.3	13.4	0.5	1.5
	烧锅地村	11.7	8.46	82.4	6.3	115.7	15.7	14.5	0.5	1.4
	下城子村	12.4	8.48	86.0	7.3	115.1	8.4	14.1	0.5	1.5
	小地村	11.7	8.41	84.3	7.1	106.3	15.7	15.1	0.5	1.3
	扎兰营子村	10.2	8.49	83.1	5.8	112.3	18.8	14.0	0.5	1.3
	宝德全村	11.0	8.35	60.2	9.4	85.2	17.4	17.1	0.7	1.6
昌隆镇	昌隆村	9.2	8.39	70.9	14.4	110.0	18.9	18.5	0.7	1.6
	昌隆永村	10.5	8.34	76.6	12.1	110.3	17.5	17.9	0.6	1.7
	大牌甸村	10.8	8.48	86.1	9.4	106.2	13.8	14.5	0.8	1.5

（续）

乡（镇、街道、农场）	村名	有机质（克/千克）	pH	碱解氮（毫克/千克）	有效磷（毫克/千克）	速效钾（毫克/千克）	有效铁（毫克/千克）	有效锰（毫克/千克）	有效铜（毫克/千克）	有效锌（毫克/千克）
昌隆镇	东井村	10.6	8.38	69.0	10.3	98.7	17.9	16.5	0.8	1.5
	三道沟村	11.1	8.38	87.5	8.8	108.8	15.5	16.5	0.6	2.0
	双山子村	12.6	8.33	71.3	7.8	104.4	18.3	21.5	0.8	1.5
	新发村	11.3	8.33	70.6	6.3	105.3	16.9	18.3	0.8	1.5
	章京营子村	10.2	8.38	86.6	15.3	123.2	12.9	13.6	0.8	2.2
富山街道	大高子店村	15.3	8.19	60.1	9.0	160.0	23.8	19.7	1.3	1.1
	富山村	15.1	8.24	67.3	7.4	164.0	23.7	20.3	1.3	1.1
	红石板村	15.0	8.23	67.0	8.1	148.0	20.3	19.1	1.3	1.0
	涝泥塘子村	15.6	8.21	68.2	9.4	156.5	24.7	20.6	1.2	1.1
	祁家营子村	13.8	8.17	67.7	7.1	176.9	18.6	20.5	1.1	0.9
	王福店村	16.9	8.17	74.8	8.5	157.1	25.5	19.7	1.2	1.0
	杨家杖子村	15.0	8.17	70.9	10.3	169.3	21.0	18.5	1.2	0.9
	张福店村	17.3	8.08	71.6	8.8	161.4	26.3	24.1	1.2	0.8
哈拉道口镇	崔杖子村	8.9	8.30	53.6	6.7	136.2	27.2	22.7	1.1	0.6
	大嘎岔村	8.7	8.43	57.5	5.8	126.5	13.8	20.8	0.9	1.0
	哈拉道口村	9.7	8.36	49.4	6.9	132.7	26.9	23.9	1.0	0.7

（续）

乡（镇、街道、农场）	村名	有机质（克/千克）	pH	碱解氮（毫克/千克）	有效磷（毫克/千克）	速效钾（毫克/千克）	有效铁（毫克/千克）	有效锰（毫克/千克）	有效铜（毫克/千克）	有效锌（毫克/千克）
哈拉道口镇	刘汉朝村	8.1	8.42	54.4	6.5	117.0	18.6	20.5	0.9	1.1
	三合号村	8.7	8.35	46.3	8.1	129.3	18.7	24.4	1.0	0.7
	双丰村	10.0	8.34	52.1	6.3	127.3	20.6	23.7	1.1	0.6
	四家村	8.9	8.33	48.2	7.9	138.3	24.6	22.2	1.1	0.8
	新井村	9.2	8.30	54.1	6.6	146.2	20.0	21.5	1.2	0.9
	安家楼村	8.6	8.35	60.1	9.0	174.4	18.4	18.9	1.3	1.0
	大营子村	9.2	8.33	59.8	7.8	172.7	17.5	18.0	1.1	1.0
	东升村	11.9	8.45	67.8	10.4	145.5	19.7	17.9	1.0	1.2
	东台村	13.1	8.50	68.9	11.0	161.2	17.6	17.7	1.3	1.4
	丰山村	8.8	8.34	72.7	8.7	176.7	18.0	20.1	1.4	1.4
黑水镇	后山村	9.3	8.45	64.8	9.0	174.1	20.0	18.9	1.2	1.2
	黄杖子村	9.6	8.40	63.9	9.9	161.3	18.2	19.5	1.3	1.0
	拉碾子沟村	9.6	8.42	73.4	10.9	169.8	17.2	21.5	1.4	1.5
	老爷庙村	8.1	8.34	52.0	8.4	170.4	18.5	17.8	1.1	0.9
	四分地村	11.2	8.40	65.8	7.8	151.0	14.1	18.4	0.9	1.4
	松岭村	9.3	8.36	76.0	9.5	177.9	18.7	21.2	1.4	1.6

（续）

乡（镇、街道、农场）	村名	有机质（克/千克）	pH	碱解氮（毫克/千克）	有效磷（毫克/千克）	速效钾（毫克/千克）	有效铁（毫克/千克）	有效锰（毫克/千克）	有效铜（毫克/千克）	有效锌（毫克/千克）
黑水镇	西南关村	9.9	8.46	67.8	11.1	152.1	20.0	17.2	1.1	1.4
	兴隆沟村	10.3	8.45	71.7	10.5	177.5	16.9	21.9	1.4	1.3
	一棵树村	12.4	8.41	73.5	9.2	149.6	16.7	17.4	1.2	1.4
红山街道	蒙西营子村	15.2	8.18	56.0	8.9	154.2	20.8	19.2	1.2	1.0
	勿素台沟村	14.6	8.18	55.8	6.6	159.7	19.5	19.4	1.2	0.9
	西街村	15.4	8.17	55.4	7.9	155.7	22.5	19.7	1.2	1.0
建平镇	八家村	13.2	8.41	74.0	14.3	129.2	10.7	15.8	0.8	1.5
	北塔子村	12.2	8.42	79.4	12.2	121.2	10.2	16.3	0.7	1.5
	朝里胡同村	14.6	8.41	78.1	9.1	157.1	23.3	22.2	0.9	1.2
	大营沟村	14.4	8.49	86.5	6.5	137.8	15.9	17.4	0.7	1.1
	东街村	12.3	8.46	83.6	7.7	132.8	19.3	18.8	0.8	1.3
	东张营子村	14.0	8.43	75.3	5.8	153.4	26.6	20.3	0.8	1.3
	古山村	13.6	8.37	81.2	8.8	124.1	17.0	20.5	0.8	1.2
	海山皋村	13.4	8.43	79.5	7.4	127.7	19.5	17.9	0.7	1.1
	胡家店村	14.0	8.47	76.7	8.9	138.6	13.8	17.1	0.7	1.3
	贾台子村	14.0	8.50	85.7	8.4	133.8	17.7	18.6	0.6	1.1

（续）

乡（镇、街道、农场）	村名	有机质（克/千克）	pH	碱解氮（毫克/千克）	有效磷（毫克/千克）	速效钾（毫克/千克）	有效铁（毫克/千克）	有效锰（毫克/千克）	有效铜（毫克/千克）	有效锌（毫克/千克）
建平镇	老官杖子村	13.8	8.36	88.0	9.0	129.2	22.0	20.3	0.6	1.0
	栾家窝铺村	12.4	8.45	86.2	7.6	134.6	15.6	18.6	0.7	1.2
	马家楼村	14.2	8.53	77.5	7.5	136.0	12.5	18.5	0.8	1.1
	三义号村	14.9	8.51	84.8	6.8	150.6	23.3	19.2	0.8	1.2
	石营子村	14.2	8.38	77.7	7.5	167.4	38.0	22.3	0.9	1.4
	西街村	13.4	8.50	77.3	7.9	133.2	21.5	17.8	0.8	1.4
	下湾子村	13.2	8.44	79.4	10.1	113.2	15.5	16.9	0.6	1.4
	下窝铺村	14.3	8.50	79.2	8.0	136.5	17.5	17.8	0.8	1.5
	新丘营子村	13.3	8.48	75.4	11.2	136.0	14.3	16.7	0.8	1.3
	畜牧场	12.5	8.49	76.4	7.8	138.4	14.9	17.3	0.7	1.2
	张家窝铺村	12.7	8.39	73.3	8.8	131.2	9.0	17.0	0.7	1.3
	郑营子村	13.4	8.48	75.7	5.0	139.2	13.8	19.2	0.7	1.1
喀喇沁镇	曹家烧锅村	12.8	8.32	78.0	12.1	140.7	56.3	30.6	1.0	0.9
	长青村	13.0	8.32	62.0	10.1	125.4	26.0	21.5	0.9	1.2
	大东梁村	12.7	8.19	78.9	15.2	106.0	31.9	20.9	1.0	1.2
	大马场村	13.2	8.22	71.9	10.7	138.2	66.5	26.8	0.9	1.0

（续）

乡（镇、街道、农场）	村名	有机质（克/千克）	pH	碱解氮（毫克/千克）	有效磷（毫克/千克）	速效钾（毫克/千克）	有效铁（毫克/千克）	有效锰（毫克/千克）	有效铜（毫克/千克）	有效锌（毫克/千克）
喀喇沁镇	大营子村	12.7	8.21	79.5	12.4	131.2	50.8	33.0	0.9	0.9
	董家林村	12.6	8.21	81.9	11.0	102.6	35.9	21.2	1.0	1.3
	高杖子村	12.6	8.27	82.8	14.5	116.4	38.8	22.4	1.0	1.1
	华家杖子村	12.1	8.25	78.5	15.0	145.5	100.1	31.9	1.0	1.1
	喀喇沁村	13.5	8.24	77.4	9.8	122.6	43.9	21.1	0.9	1.2
	阚杖子村	13.2	8.27	70.0	12.6	142.6	48.7	26.8	1.0	0.9
	刘家房身村	13.6	8.24	79.4	14.2	131.8	75.6	28.7	0.9	1.3
	唐家杖子村	13.6	8.42	78.0	9.1	147.4	39.7	27.3	1.0	1.0
	洼子店村	12.6	8.23	73.3	10.0	102.9	48.8	23.2	0.7	0.8
	永丰村	12.3	8.20	80.8	13.1	126.6	58.9	32.7	0.9	1.1
	朱家窝铺村	13.4	8.28	82.7	12.6	115.2	59.4	26.5	0.8	1.3
奎德素镇	北山村	11.8	8.52	75.1	5.5	128.7	10.7	17.5	0.9	0.8
	仓子村	13.0	8.47	76.2	9.9	110.5	12.0	18.9	0.8	0.9
	大三家村	11.7	8.50	77.0	6.0	132.7	12.9	18.4	0.7	0.8
	大窝铺村	12.2	8.35	90.6	7.3	115.2	18.6	20.3	0.6	0.8
	房身村	12.3	8.30	78.7	10.6	116.4	13.5	19.5	0.9	0.8

（续）

乡（镇、街道、农场）	村名	有机质（克/千克）	pH	碱解氮（毫克/千克）	有效磷（毫克/千克）	速效钾（毫克/千克）	有效铁（毫克/千克）	有效锰（毫克/千克）	有效铜（毫克/千克）	有效锌（毫克/千克）
	河北村	11.7	8.50	77.0	6.2	132.6	11.5	18.0	0.8	0.9
	河南村	13.8	8.60	76.5	5.4	126.8	15.1	19.9	1.0	0.8
	红山村	13.8	8.56	82.8	10.3	122.4	12.5	19.7	0.8	0.8
	奎德素村	14.3	8.58	74.9	6.5	132.8	15.1	19.7	0.8	0.8
奎德素镇	那立荥村	13.1	8.41	80.9	7.8	121.5	13.8	19.1	0.6	0.7
	四益营子村	14.5	8.44	85.7	6.6	136.9	19.4	22.7	0.8	0.8
	土木营子村	11.8	8.36	73.3	6.7	118.7	23.2	21.4	0.9	1.0
	西街村	13.5	8.69	67.1	4.8	123.9	12.5	17.5	0.9	0.9
	西山村	13.8	8.62	74.7	5.6	122.5	12.8	19.1	1.0	0.7
	达拉甲村	9.4	8.31	51.2	9.4	154.1	37.8	21.6	1.3	0.8
	嘎吉哈达村	8.5	8.35	62.8	9.3	151.2	16.0	20.4	1.4	1.7
	老官地村	8.7	8.34	57.1	8.0	183.4	21.2	22.2	1.2	1.1
	马架子村	9.3	8.35	56.0	9.8	165.6	22.7	19.9	1.3	1.0
老官地镇	上地村	7.2	8.34	58.1	8.2	183.2	22.3	19.7	1.2	1.0
	小黄杖子村	8.9	8.35	59.1	8.8	162.2	18.3	19.8	1.2	1.5
	小五家村	10.6	8.37	51.2	8.5	164.1	26.6	22.9	1.1	1.0
	羊草沟村	8.7	8.36	61.3	8.4	184.4	19.7	21.2	1.2	1.4

（续）

乡（镇、街道、农场）	村名	有机质（克/千克）	pH	碱解氮（毫克/千克）	有效磷（毫克/千克）	速效钾（毫克/千克）	有效铁（毫克/千克）	有效锰（毫克/千克）	有效铜（毫克/千克）	有效锌（毫克/千克）
罗福沟乡	柴杖子村	13.3	8.45	72.2	4.7	128.7	18.1	18.7	0.7	0.5
	二道窝铺村	12.5	8.40	62.0	3.8	122.3	14.1	19.8	0.7	0.6
	罗福沟村	13.6	8.10	68.0	4.1	117.5	16.2	19.2	0.8	0.5
	罗家烧锅村	14.9	8.06	76.9	5.2	125.4	20.7	20.4	0.9	0.5
	三道窝铺村	12.5	8.39	63.8	3.9	117.2	11.5	16.6	0.7	0.7
	双庙村	13.5	8.35	69.7	10.1	137.8	62.3	26.2	0.9	0.8
	水泉村	14.7	8.11	74.1	3.9	116.7	15.9	21.1	0.8	0.5
	汤土沟里村	13.2	8.32	77.5	3.0	117.6	10.6	18.2	0.7	0.7
	下窝铺村	13.5	8.24	72.1	6.3	139.5	55.2	24.1	0.8	0.7
	新窝铺村	13.7	8.23	71.8	3.0	118.7	11.7	18.6	0.8	0.5
	于家杖子村	13.7	8.13	68.0	5.4	127.3	27.2	19.8	0.9	0.6
马场镇	插花营子村	13.1	8.45	89.4	6.1	117.5	10.4	12.8	0.6	1.7
	岗岗村	12.4	8.28	84.7	6.0	118.0	8.4	15.0	0.8	1.7
	古山子村	13.3	8.32	85.5	4.4	123.0	9.6	15.3	0.7	1.5
	河南五十家	13.3	8.26	82.0	5.5	122.9	10.2	16.0	0.8	2.0
	梁家窝铺村	12.5	8.27	86.7	4.9	109.6	6.4	16.0	0.8	1.6

（续）

乡（镇、街道、农场）	村名	有机质（克/千克）	pH	碱解氮（毫克/千克）	有效磷（毫克/千克）	速效钾（毫克/千克）	有效铁（毫克/千克）	有效锰（毫克/千克）	有效铜（毫克/千克）	有效锌（毫克/千克）
马场镇	龙头营子村	11.8	8.50	84.0	4.8	125.1	12.4	15.4	0.7	1.6
	马场村	13.8	8.44	90.3	6.1	117.0	12.2	13.8	0.7	1.7
	乃林寨村	12.8	8.33	78.4	5.3	128.9	9.6	14.4	0.8	1.4
	前道村	11.7	8.47	77.4	7.9	111.1	11.5	16.2	0.6	1.5
	三家村	12.1	8.48	87.5	5.3	129.9	11.1	14.7	0.8	1.5
	宋家窝铺村	13.2	8.52	83.4	7.9	101.2	16.2	16.5	0.5	1.5
	万家营子村	12.7	8.44	80.9	6.8	140.3	11.9	14.9	0.8	1.7
	兴隆沟村	12.1	8.35	77.7	4.5	122.3	8.5	11.9	0.8	1.4
青峰山乡	大杖子村	14.2	8.37	54.7	6.7	152.9	15.5	17.9	1.2	0.8
	孤家村	15.2	8.35	53.5	8.9	149.0	17.6	16.9	1.4	1.0
	建昌沟村	13.4	8.30	42.2	6.3	152.8	15.2	18.8	1.3	0.8
	马西沟村	15.2	8.29	62.5	7.9	157.9	18.1	20.0	1.4	1.1
	山咀村	14.4	8.37	48.9	5.4	154.1	17.5	19.9	1.1	0.9
	宋家湾村	14.4	8.38	52.7	5.6	163.5	17.3	17.0	1.3	0.8
	向阳山村	15.1	8.31	62.6	6.8	165.7	20.1	21.0	1.2	1.1
	新城地村	13.5	8.35	47.8	5.4	152.0	15.0	18.4	1.2	0.9

（续）

乡（镇、街道、农场）	村名	有机质（克/千克）	pH	碱解氮（毫克/千克）	有效磷（毫克/千克）	速效钾（毫克/千克）	有效铁（毫克/千克）	有效锰（毫克/千克）	有效铜（毫克/千克）	有效锌（毫克/千克）
青峰山乡	兴隆地村	13.5	8.33	45.2	5.1	148.0	14.5	18.4	1.3	0.8
	赵家店村	15.4	8.32	56.5	8.7	165.0	19.2	19.5	1.4	0.8
	迟家杖子村	12.8	8.40	71.1	9.8	141.0	67.5	31.5	0.9	0.9
	二房身村	13.1	8.47	80.4	14.8	169.9	64.9	28.9	0.7	1.0
	丰山村	13.3	8.54	78.0	8.7	154.1	36.5	24.2	0.9	0.9
青松岭乡	高家营子村	13.8	8.49	71.4	11.2	165.6	24.5	20.1	1.0	0.8
	青松岭村	14.7	8.38	68.8	11.1	161.9	37.6	25.4	1.0	1.0
	铁营子村	13.8	8.45	72.8	9.9	114.2	26.4	22.5	0.7	0.7
	西大营子村	13.4	8.54	64.8	10.1	163.2	34.2	23.0	1.1	0.8
	新井村	13.5	8.46	67.4	8.9	142.3	27.4	23.5	0.9	0.8
热水国营畜牧农场	仓子分场	8.4	8.37	54.3	11.0	185.6	13.9	19.9	1.4	1.8
	郎家营子分场	8.6	8.35	58.1	9.3	166.2	14.6	21.4	1.3	1.8
	前卜古苏分场	8.9	8.36	59.2	10.5	163.7	14.8	19.4	1.4	1.6
	热水分场	8.7	8.38	59.8	10.1	186.1	15.0	18.9	1.2	1.8
	五十家子分场	8.4	8.43	66.9	9.6	165.3	14.3	20.5	1.4	1.6

（续）

乡（镇、街道、农场）	村名	有机质（克/千克）	pH	碱解氮（毫克/千克）	有效磷（毫克/千克）	速效钾（毫克/千克）	有效铁（毫克/千克）	有效锰（毫克/千克）	有效铜（毫克/千克）	有效锌（毫克/千克）
	北四家子村	12.8	8.23	70.8	4.0	156.0	20.9	19.9	1.4	1.7
	东胡素台村	14.7	8.33	58.4	2.6	162.6	18.9	20.3	1.1	1.1
	房申村	14.5	8.31	67.0	5.3	155.2	17.5	20.3	1.2	0.9
	富合村	13.6	8.32	65.5	8.2	171.7	20.5	19.8	1.1	1.0
	嘎岔村	11.6	8.32	62.1	4.4	168.0	14.9	19.7	1.0	1.2
	南四家村	11.4	8.28	55.2	4.6	152.3	18.5	21.9	1.4	1.4
	三家村	15.7	8.11	60.0	3.5	148.6	17.0	22.8	1.2	1.3
三家蒙古乡	扫虎沟村	14.5	7.94	62.8	3.6	176.0	17.6	19.9	1.2	1.7
	五家村	16.2	8.03	68.0	2.9	147.1	19.6	23.4	1.2	1.6
	五十家子村	11.1	7.95	55.5	4.6	160.0	14.0	19.0	1.1	1.5
	西胡素台村	12.5	8.10	69.6	6.4	174.9	12.3	20.9	1.0	1.3
	小新地村	12.5	8.34	61.8	4.6	168.7	19.5	19.5	1.1	1.2
	新安村	13.1	8.31	59.8	6.6	159.3	20.4	19.4	1.2	1.0
	新乃里村	15.4	8.06	67.8	4.1	182.2	20.6	18.8	1.3	1.8

（续）

乡（镇、街道、农场）	村名	有机质（克/千克）	pH	碱解氮（毫克/千克）	有效磷（毫克/千克）	速效钾（毫克/千克）	有效铁（毫克/千克）	有效锰（毫克/千克）	有效铜（毫克/千克）	有效锌（毫克/千克）
沙海镇	白家洼村	10.2	8.44	55.0	8.0	147.9	15.7	18.7	1.2	1.1
	大苏子沟村	14.2	8.34	57.5	7.9	189.4	21.2	20.5	1.2	1.0
	杜镇村	12.0	8.28	58.7	7.0	142.0	23.9	19.7	1.2	1.3
	金黄地村	12.9	8.44	51.9	7.2	139.4	15.4	21.6	1.2	0.9
	叩勿苏村	12.0	8.50	56.4	7.7	129.7	12.5	21.7	1.0	1.2
	林场村	13.3	8.46	55.7	9.6	152.9	17.1	16.2	1.2	1.3
	马杖子村	12.6	8.58	79.8	7.7	174.1	20.9	19.1	1.3	1.4
	孟家窝铺村	12.9	8.44	68.5	11.4	162.6	21.1	19.4	1.3	1.3
	穆营子村	13.0	8.48	61.8	9.1	184.2	22.6	18.4	1.3	1.4
	南洼村	11.9	8.40	65.6	8.7	150.2	23.6	20.8	1.2	1.3
	前五龙台村	11.5	8.50	54.3	8.9	152.2	13.1	19.4	1.1	1.2
	沙海村	14.0	8.52	71.2	9.0	165.3	21.2	22.1	1.4	1.3
	陕西营子村	10.4	8.52	65.9	10.0	169.8	19.3	19.6	1.2	1.2
	上店村	12.3	8.64	68.3	8.4	173.2	19.4	21.6	1.2	1.4
	四节梁村	14.6	8.46	68.9	9.3	162.2	16.3	19.4	1.3	1.3
	四龙沟村	13.4	8.38	79.9	8.5	150.4	18.6	18.2	1.5	1.4
	五家村	12.1	8.48	48.2	7.7	153.1	16.7	22.9	1.4	1.0
	新胜村	13.7	8.52	75.1	8.4	159.2	21.5	21.4	1.3	1.3

（续）

乡（镇、街道、农场）	村名	有机质（克/千克）	pH	碱解氮（毫克/千克）	有效磷（毫克/千克）	速效钾（毫克/千克）	有效铁（毫克/千克）	有效锰（毫克/千克）	有效铜（毫克/千克）	有效锌（毫克/千克）
烧锅营子乡	毕杖子村	8.3	8.46	73.4	7.7	150.2	26.0	18.4	1.1	0.9
	车杖子村	6.8	8.46	72.6	9.0	155.6	24.6	19.3	1.3	1.0
	化匠沟村	10.1	8.38	70.2	7.6	162.5	18.5	19.0	1.1	1.3
	木头营子村	8.2	8.34	76.8	8.9	172.0	18.8	20.0	1.3	1.6
	上霍家地村	8.4	8.34	76.1	8.5	175.9	20.4	20.5	1.4	1.7
	烧锅营子村	8.4	8.38	82.0	7.5	162.7	23.7	18.0	1.3	1.6
	头道营子村	8.3	8.41	80.7	8.0	157.1	26.5	20.6	1.3	1.3
	乌兰朝村	7.7	8.33	64.8	8.8	167.5	18.8	22.4	1.3	1.6
	张家湾村	8.3	8.37	72.0	7.9	165.9	21.0	19.2	1.2	1.3
深井镇	东升村	13.5	8.39	55.3	8.3	137.6	13.3	19.6	1.4	0.8
	金沟村	13.8	8.34	46.0	8.5	141.5	15.4	20.3	1.3	0.9
	康家窝村	15.2	8.38	63.4	9.9	121.4	15.8	18.5	1.2	0.8
	宽昌沟村	13.5	8.41	57.4	8.4	133.7	14.2	20.0	1.4	0.7
	三元井村	13.4	8.41	46.7	7.6	136.1	11.4	21.0	1.3	0.9
	深井村	13.5	8.37	54.0	7.8	136.9	12.9	17.5	1.3	0.8
	石门地村	12.9	8.40	53.0	8.1	140.9	11.7	18.5	1.3	0.9

（续）

乡（镇、街道、农场）	村名	有机质（克/千克）	pH	碱解氮（毫克/千克）	有效磷（毫克/千克）	速效钾（毫克/千克）	有效铁（毫克/千克）	有效锰（毫克/千克）	有效铜（毫克/千克）	有效锌（毫克/千克）
深井镇	田家窝铺村	12.5	8.34	44.5	10.0	151.3	15.7	18.1	1.3	0.9
	勿兰勿素村	13.5	8.41	40.6	7.7	137.9	12.7	21.0	1.4	0.9
	小马厂村	12.8	8.28	48.7	10.4	133.5	15.4	21.8	1.4	0.8
	章京营子村	13.8	8.33	49.1	8.9	138.9	18.2	19.9	1.3	0.9
太平庄乡	干沟子村	12.7	8.26	72.5	4.9	147.5	15.6	21.3	0.9	1.3
	郝家窝铺村	10.4	8.48	70.6	4.8	126.4	9.7	19.6	0.9	1.2
	和乐村	11.6	8.40	74.4	7.6	140.3	10.3	18.0	0.9	1.3
	姜家村	10.5	8.44	67.1	3.1	128.9	14.3	21.3	0.9	1.1
	敬老院	10.1	8.45	77.4	6.4	132.7	9.2	18.8	0.9	1.3
	郎家村	10.3	8.41	78.4	6.5	135.9	12.4	20.5	0.9	1.5
	石台沟村	10.2	8.45	66.6	4.5	128.4	11.4	20.1	0.9	1.2
	太平庄村	11.6	8.38	79.1	9.0	150.2	13.1	18.4	0.9	1.4
	五间房村	10.9	8.35	71.8	9.7	126.8	14.8	18.8	1.0	1.7
	要道吐村	11.6	8.29	68.8	7.2	154.2	14.5	20.5	1.0	1.5
	张家窝铺村	10.9	8.41	72.0	6.5	130.7	8.5	19.6	0.9	1.1

（续）

乡（镇、街道、农场）	村名	有机质（克/千克）	pH	碱解氮（毫克/千克）	有效磷（毫克/千克）	速效钾（毫克/千克）	有效铁（毫克/千克）	有效锰（毫克/千克）	有效铜（毫克/千克）	有效锌（毫克/千克）
铁南街道	南汤土沟村	13.5	8.28	50.9	8.3	154.5	17.5	18.1	1.2	0.9
	顺治沟村	14.5	8.21	60.0	10.2	155.2	17.3	18.3	1.2	0.9
	北三家村	14.6	8.18	49.4	9.9	154.2	18.6	20.7	1.2	0.9
	大板沟村	11.3	8.28	57.1	9.7	137.9	15.2	21.6	1.5	0.8
	东村	13.5	8.13	40.4	11.0	143.8	19.2	20.9	1.3	0.9
	东大杖子村	13.8	8.22	43.7	9.0	157.7	18.3	21.7	1.3	0.9
	黄土梁子村	12.3	8.13	45.3	8.8	149.0	20.9	20.0	1.4	0.9
万寿街道	老西店村	12.0	8.01	53.6	12.0	159.9	20.2	21.1	1.4	0.9
	平安地村	13.1	8.23	52.6	8.2	153.2	22.8	16.7	1.3	1.0
	石灰窑子村	13.6	8.28	51.7	8.4	151.5	19.2	16.9	1.3	1.0
	宋杖子村	14.8	8.29	52.9	6.8	155.8	18.0	20.6	1.2	0.9
	西村	13.7	8.13	43.0	10.0	152.2	17.5	18.5	1.2	1.0
	小平房村	12.6	8.21	52.4	8.6	147.2	21.3	17.9	1.3	1.0
	扎赉营子村	12.0	7.97	47.1	10.1	159.1	20.5	21.9	1.4	0.9
小塘镇	萦台沟村	13.4	8.39	77.1	11.8	133.4	25.6	20.8	0.9	1.2
	大塘村	13.7	8.44	76.2	11.1	125.2	21.6	22.0	1.1	1.2

（续）

乡（镇、街道、农场）	村名	有机质（克/千克）	pH	碱解氮（毫克/千克）	有效磷（毫克/千克）	速效钾（毫克/千克）	有效铁（毫克/千克）	有效锰（毫克/千克）	有效铜（毫克/千克）	有效锌（毫克/千克）
	道虎沟村	16.2	8.30	70.1	8.5	121.6	29.4	20.3	0.7	1.0
	东塘村	12.8	8.46	62.4	10.6	107.5	19.6	19.5	1.0	1.2
	黑山咀村	13.4	8.39	83.5	8.9	135.4	19.3	19.6	0.9	1.1
	七家村	16.8	8.35	62.1	10.4	106.6	21.6	20.2	1.1	1.0
	前城村	15.0	8.38	62.1	10.4	93.4	26.3	20.7	1.0	1.2
小塘镇	水头村	13.5	8.42	64.5	10.6	102.4	22.9	19.8	1.0	1.2
	松岭村	14.5	8.40	88.4	9.8	150.0	27.2	18.6	0.6	1.2
	苏子沟村	17.1	8.35	62.5	11.4	106.2	23.7	20.3	0.9	1.3
	小塘村	13.2	8.49	71.3	13.1	111.0	23.6	20.4	0.9	1.2
	新城村	14.9	8.46	73.4	9.5	152.3	18.8	20.0	0.9	1.2
	赵家湾村	13.6	8.45	82.1	12.6	129.2	26.2	20.9	1.0	1.2
	大邱龙岗村	13.3	8.24	74.4	9.5	112.7	14.1	24.0	0.9	0.9
	德吉勿素村	14.7	8.27	67.9	8.4	143.3	16.9	19.4	0.9	1.1
杨树岭乡	红光村	14.2	7.98	74.4	7.1	137.9	21.6	21.4	0.9	0.8
	马架子村	13.0	8.20	68.1	6.8	115.1	17.0	19.6	0.9	0.9
	上南地村	14.7	8.14	72.4	7.6	126.4	17.0	22.9	0.8	0.9

（续）

乡（镇、街道、农场）	村名	有机质（克/千克）	pH	碱解氮（毫克/千克）	有效磷（毫克/千克）	速效钾（毫克/千克）	有效铁（毫克/千克）	有效锰（毫克/千克）	有效铜（毫克/千克）	有效锌（毫克/千克）
杨树岭乡	双丰山村	13.9	8.20	71.5	7.1	109.4	20.9	21.4	0.8	0.9
	套卜河洛村	13.6	8.04	74.4	7.2	125.2	23.8	23.5	0.9	0.7
	万丰山村	12.5	8.09	76.2	10.7	137.4	30.0	24.7	0.8	0.7
	杨树岭村	15.5	8.03	69.4	6.8	127.8	17.8	23.3	1.0	0.8
	火石地村	8.9	8.31	52.6	6.6	108.4	15.6	19.9	0.7	1.3
	老房申村	10.3	8.35	60.1	6.9	110.6	25.5	18.0	0.7	1.4
	老四家子村	9.5	8.27	50.1	7.2	91.4	29.9	20.0	0.7	1.4
义成功乡	上忙牛营子	12.2	8.34	80.4	7.4	106.9	16.6	17.1	0.6	1.4
	四台永村	8.8	8.32	50.6	9.6	83.9	33.8	21.2	0.7	1.4
	西台子村	11.3	8.31	65.2	8.2	103.5	18.2	19.8	0.7	1.4
	小四家村	12.6	8.36	78.5	6.8	118.5	13.7	20.7	0.7	1.3
	义成功村	10.5	8.26	61.4	8.0	102.9	21.4	21.9	0.7	1.3
榆林子镇	北营子村	13.3	8.28	71.5	11.5	170.2	13.4	16.9	1.1	0.7
	大拉罕沟村	12.8	8.26	57.9	10.9	159.4	14.5	19.9	1.3	0.7
	大西营子村	14.2	8.19	68.7	10.3	171.6	13.8	20.7	1.1	0.7
	东街村	14.1	8.19	69.2	11.1	166.1	12.8	19.9	1.2	0.8

（续）

乡（镇、街道、农场）	村名	有机质（克/千克）	pH	碱解氮（毫克/千克）	有效磷（毫克/千克）	速效钾（毫克/千克）	有效铁（毫克/千克）	有效锰（毫克/千克）	有效铜（毫克/千克）	有效锌（毫克/千克）
	房身村	13.6	8.39	58.6	10.6	169.8	16.6	19.1	1.1	0.8
	孤山子村	12.9	8.39	49.6	9.2	157.1	13.6	20.0	1.5	0.8
	郝杖子村	13.5	8.32	69.3	11.1	159.1	15.5	18.4	1.1	0.7
	侯家营子村	14.1	8.37	70.4	11.9	147.8	21.2	20.0	1.1	0.8
	拉海沟村	13.8	8.19	58.8	14.0	170.9	10.9	15.4	1.3	0.9
	兰家营子村	14.2	8.24	58.6	10.5	174.1	10.1	17.5	1.2	0.9
	老窝铺村	12.9	8.40	58.6	10.7	158.8	17.0	17.5	1.0	0.9
榆树林子镇	留沟村	14.6	8.40	63.4	12.0	164.5	19.8	20.7	1.3	0.8
	南沟村	13.9	8.24	68.0	14.1	158.4	11.0	15.3	1.3	0.9
	南山村	14.7	8.22	61.8	10.2	165.8	11.9	16.4	1.2	0.9
	南台子村	15.0	8.15	67.1	12.2	172.3	15.3	18.2	1.3	0.9
	炮手营子村	14.4	8.25	67.8	9.7	169.3	12.4	19.3	1.2	0.7
	前营子村	12.7	8.31	68.4	11.2	135.3	14.0	18.3	1.5	0.8
	树底下村	13.4	8.22	67.8	10.4	163.6	12.4	19.0	1.4	0.7
	西街村	13.9	8.15	72.2	11.9	164.7	11.7	19.3	1.3	0.8
	下瓮沟村	13.6	8.37	54.4	7.4	151.3	13.7	21.4	1.5	0.8

（续）

乡（镇、街道、农场）	村名	有机质（克/千克）	pH	碱解氮（毫克/千克）	有效磷（毫克/千克）	速效钾（毫克/千克）	有效铁（毫克/千克）	有效锰（毫克/千克）	有效铜（毫克/千克）	有效锌（毫克/千克）
榆树林子镇	小房身村	15.3	8.18	67.2	13.1	174.7	15.9	18.2	1.2	0.9
	小桃吐村	13.1	8.34	73.8	11.7	157.1	14.7	17.4	1.1	0.7
	中官营子村	12.6	8.36	55.2	7.5	148.0	14.0	19.9	1.5	0.8
	海棠村	14.1	8.34	122.2	7.6	125.5	37.3	21.2	0.4	1.2
	红卫村	13.5	8.41	115.6	6.7	129.3	23.5	18.3	0.5	1.0
	化石里沟村	15.9	8.29	75.1	10.8	141.5	34.4	20.0	0.6	0.9
	七官营子村	14.1	8.23	83.9	10.2	144.6	22.2	21.1	0.6	0.9
	青山村	13.8	8.36	70.2	11.1	158.3	22.4	21.0	0.7	0.9
	三家村	13.8	8.31	93.1	8.0	127.5	40.8	18.8	0.5	1.1
张家营子镇	王家沟村	13.7	8.43	134.5	5.6	112.2	21.0	18.0	0.5	0.9
	匆心吐鲁村	12.8	8.23	79.4	11.5	141.4	29.3	20.8	0.6	0.8
	下七家村	13.9	8.30	97.5	5.1	117.6	33.0	21.3	0.6	1.3
	姚家窝铺村	13.7	8.35	129.4	6.3	114.1	21.6	18.4	0.5	0.9
	迎风村	14.3	8.32	71.2	11.5	135.5	22.4	17.0	0.8	0.9
	于家窝铺村	14.2	8.28	85.2	8.2	128.5	22.8	18.9	0.6	1.0
	张家营子村	14.2	8.35	99.0	8.1	131.9	22.7	18.4	0.6	1.1

（续）

乡（镇、街道、农场）	村名	有机质（克/千克）	pH	碱解氮（毫克/千克）	有效磷（毫克/千克）	速效钾（毫克/千克）	有效铁（毫克/千克）	有效锰（毫克/千克）	有效铜（毫克/千克）	有效锌（毫克/千克）
	北老爷庙村	12.9	8.37	53.1	13.7	121.2	26.0	17.2	0.7	1.0
	大庙村	10.8	8.36	79.5	11.3	124.8	27.9	25.3	1.0	1.1
	二道河子村	11.5	8.27	66.4	5.4	141.1	18.9	20.1	0.8	0.8
	高家杖子村	13.2	8.40	74.8	7.2	111.8	17.9	20.1	1.0	0.9
	郝家杖子村	13.7	8.39	68.6	14.1	114.6	22.9	19.3	1.0	0.8
	刘杖子村	11.9	8.38	69.3	13.8	120.1	29.6	23.0	1.1	1.0
	七台营子村	11.9	8.20	61.7	5.1	147.9	20.1	18.7	0.7	0.9
	青松岭林场	13.2	8.42	53.0	13.9	130.1	24.7	18.5	0.9	0.8
朱碌科镇	水泉村	13.2	8.35	78.3	17.0	122.8	32.7	21.5	1.1	1.1
	西科村	14.4	8.30	70.6	13.3	145.5	19.6	17.6	1.1	0.9
	西梁村	14.1	8.39	72.7	12.6	134.6	26.1	21.1	1.1	0.8
	夏营子村	14.1	8.38	69.8	8.2	137.2	17.2	18.8	1.1	1.0
	小汤沟村	12.4	8.29	58.6	9.0	147.3	14.3	18.4	0.8	0.8
	新地村	12.6	8.41	64.3	18.5	121.6	32.6	22.1	1.2	1.0
	新房子村	13.6	8.42	58.3	12.1	151.8	24.0	20.4	1.0	0.8
	杨杖子村	12.9	8.40	73.8	9.6	145.5	15.3	18.9	1.0	1.2
	朱碌科村	13.2	8.35	69.5	12.3	102.1	22.9	21.1	1.0	0.9
	平均	12.6	8.35	69.7	8.4	140.0	20.4	20.0	1.0	1.1

附录4　建平县主栽农作物主要病虫害防治作业历

建平县主栽农作物主要病虫害防治作业历见附表8。

附表8　建平县主栽农作物主要病虫害防治作业历

作物种类	主要病虫害	防治时期、药剂及方法
玉米	顶腐病、黑穗病、瘤黑粉病、茎基腐病	播前，用含有三唑类或福美双等药剂的种衣剂进行包衣 顶腐病发病初期（间苗后），用5%氨基寡糖素水剂或6%低聚糖素水剂1 500倍液喷雾 黑穗病、瘤黑粉病在未散粉前人工拔除病株或摘除病瘤，带出田外销毁
	大斑病	发病初期可选用50%多菌灵可湿性粉剂、70%甲基硫菌灵可湿性粉剂、20%苯醚甲环唑水乳剂、70%代森锰锌可湿性粉剂等药剂进行喷雾，隔7～10天喷1次，连续防治2～3次
	玉米螟	1. 灯光诱杀成虫，有条件的地方可在田间设置频振式杀虫灯或高压汞灯诱杀成虫。 2. 赤眼蜂防螟，当田间玉米百株卵量达1～2块时放蜂，每亩设2个放蜂点，隔5～7天再放第二次，每亩总放蜂量20 000头，将蜂卡别在玉米植株中部叶片的背面。 3. 心叶末期投药，于玉米大喇叭口期投撒苏云金杆菌（Bt）或白僵菌颗粒剂。每亩用2 000国际单位/微升Bt乳剂200～250克或90亿～100亿孢子/克的白僵菌粉250克，拌5千克细沙制成颗粒剂，在玉米心叶末期投入心叶中
	双斑萤叶甲	防治成虫用20%氰戊菊酯乳油2 000倍液，或20%高氯·马乳油1 500倍液、90%敌百虫晶体800～1 000倍液、20%吡虫啉乳油3 000倍液，或4.5%高效氯氟氰菊酯乳油1 500～2 000倍液、1.8%阿维菌素乳油1 500～2 000倍液于成虫盛发期喷雾，玉米田防治重点喷在雌穗周围，间隔7天左右再喷1次

（续）

作物种类	主要病虫害	防治时期、药剂及方法
玉米	玉米蚜（腻虫）	发生严重的地块，可选用 10％吡虫啉可湿性粉剂 1 000 倍液、0.36％苦参碱水剂 500 倍液、10％高效氯氰菊酯乳油 2 000 倍液或 50％抗蚜威可湿性粉剂 2 000 倍液喷雾防治
	玉米叶螨	可选用 20％哒螨灵乳油 2 000 倍液 73％炔螨特乳油 2 000 倍液，也可以选择 1.8％阿维菌素乳油 2 000 倍液喷雾防治
高粱	丝黑穗病	播前用含有三唑类或福美双等药剂的种衣剂进行包衣 在开苞散粉前，拔除病株带出田外销毁
	高粱蚜	播前，用含有吡虫啉或噻虫嗪药剂的种衣剂进行包衣，减轻前期蚜虫危害 发生较重地块，每亩用 40％乐果乳油 0.1 千克，拌细沙 10 千克，扬撒在植株叶片上；或用 50％抗蚜威乳油、10％吡虫啉乳油、2.5％溴氰菊酯乳油等药剂喷雾防治
马铃薯	病毒病	选用脱毒种薯
	晚疫病	在现蕾、开花期田间发现中心病株时防治。可选用 58％甲霜灵·锰锌可湿性粉剂 500 倍液，或 72％霜脲·锰锌可湿性粉剂 600～800 倍液、72.2％霜霉威水剂 600 倍液，或 50％锰锌·氟吗啉可湿性粉剂 1 000～1 500 倍液喷雾。如连续降水为防雨水冲刷可选用 68.75％氟菌·霜霉威（银法利）悬浮剂 60～75 克/亩喷雾，施药时尽量把药液喷到基部叶背面，隔 7～10 天 1 次，连续防治 3～4 次
	环腐病	剔除病薯，当切到病薯时，切刀用 2％～4％高锰酸钾溶液消毒 播种前用春雷霉素溶液浸种或用草木灰拌薯块后催芽播种

（续）

作物种类	主要病虫害	防治时期、药剂及方法
马铃薯	二十八星瓢虫	防治成虫和幼虫可用 20％马·氰乳油 2 000 倍液、20％氰戊菊酯乳油或 2.5％溴氰菊酯乳油 3 000 倍液、50％辛硫磷乳油 1 000 倍液、2.5％高效氯氟氰菊酯乳油 2 000 倍液喷雾
大豆	大豆蚜	每亩用 40％乐果乳油 0.05～0.1 千克，拌细干沙 10 千克左右各 3 垄扬撒 用 10％吡虫啉可湿性粉剂 2 000～3 000 倍液，或 2.5％溴氰菊酯乳油 2 000～3 000 倍液、50％抗蚜威可湿性粉剂 1 500 倍液喷雾防治
	大豆食心虫	防治成虫每亩用 80％敌敌畏乳油 150 克，取两节长的一端去皮的玉米秸 30～50 根，充分吸药后，每 5 垄插 1 行，相距 4～5 米插 1 根，浸药部位高度约在豆株的 1/3 处，也可将浸药的玉米秸夹在大豆中上部的枝杈上，熏杀成虫，注意下风向不要有高粱田 防治幼虫可用 48％毒死蜱乳油 1 000 倍液、2.5％氯氟氰菊酯微乳剂 2 000～2 500 倍液、2.5％溴氰菊酯乳油 1 000～1 500 倍液、10％吡虫啉乳油 2 000～2 500 倍液对结荚部位喷雾防治
谷子	白发病	播前用含有甲霜灵或精甲霜灵药剂的种衣剂进行包衣
	粒黑穗病	播前用含有三唑类或福美双等药剂的种衣剂进行包衣
	苗期害虫、粟叶甲（钻心虫）	播前用含有吡虫啉或噻虫嗪药剂的种衣剂进行包衣

（续）

作物种类	主要病虫害	防治时期、药剂及方法
玉米、高粱、谷子	2代黏虫	6月中旬前后开始发生。当谷子、黍子田间虫口密度达到10头/米垄，玉米、高粱等高秆作物田达到每百株30头时开始防治。在幼虫3龄前，可用生物制剂苏云金杆菌或高效低毒90％敌百虫晶体（高粱田禁用）等药剂进行喷雾。大龄幼虫，可用20％氰戊菊酯或4.5％高效氯氰菊酯、2.5％溴氰菊酯乳油3000倍液，20％马・氰乳油1500～2000倍液喷雾
	3代黏虫	8月上旬前后开始发生。当谷子、黍子田间虫口密度达15头/米垄，玉米、高粱等高秆作物田达到每百株50头时开始防治。3龄前的低龄幼虫，可用生物制剂苏云金杆菌和高效低毒农药90％敌百虫晶体（高粱田禁用）等药剂进行喷雾。3龄以上幼虫，可用4.5％高效氯氰菊酯乳油2000倍液、10％吡虫啉可湿性粉剂2000倍液、5％溴氰菊酯乳油1000～1500倍液喷雾。防治遗漏地块及防治偏晚幼虫进入大龄期时，抗药性增强，单一药剂很难进行有效防治，必须施用马・氰乳油、阿维・高氯、阿维・三唑磷、阿维・毒死蜱等两种农药以上复配制剂。

附录5 生产经营农作物种子检疫须知

一、生产农作物种子

1. 种子、苗木生产单位必须有计划地建立无植物检疫对象的种苗繁育基地；新建基地在选址以前，应征求当地植物检疫机构的意见；试验、推广的种子和苗木不得带有植物检疫对象；植物检疫机构应实施产地检疫。

2. 种苗生产单位向当地植物检疫机构提出产地检疫申请，提交《产地检疫申请书》，申报年度繁种计划，包括繁种地点、面积、品种名称等，当地植物检疫机构按照产地检疫技术规程或参照相应的检疫技术标准、技术规范进行产地检疫，有关单位或个人给予必要的配合和协助。

3. 检疫机构应告知申请人产地检疫结束时间。产地检疫合格的，在取得产地检疫结果后 3 个工作日内签发《产地检疫合格证》，发放检疫证明编号；不合格的，告知申请人不予办理。

二、调运农作物种子

1. 调运下列植物和植物产品必须经过检疫：凡种子、苗木，在运出县级行政区域之前，都必须经过检疫；列入应施检疫植物、植物产品名单的，运出发生疫情的县级行政区域之前，必须经过检疫。

2. 调运单位向当地植物检疫机构提出申请，提交《调运检疫申请书》，经产地检疫合格的，申请人以《产地检疫合格证》在产地换取《植物检疫证书》。未经过产地检疫的，植物检疫机构按照《农业植物调运检疫规程》对调运植物或植物产品及相关设施进行检疫，根据检疫结果决定是否签发《植物检疫证书》。

3. 以《产地检疫合格证》换取《植物检疫证书》的，当日签发《植物检疫证书》。经现场检疫或室内检疫合格的，在检疫合格后 3 个工作日内签发《植物检疫证书》。

三、经营、选购农作物种子

1. 销售种子应当附有标签，标签应当标注检疫证明编号。

2. 销售外地（县）调进来的种子还要带有《植物检疫证书》，证书上标注内容要与种子标签上品种、产地、检疫证明编号等相符。

3. 选购种子要做到"三看"：一看是否有包装，不要购散装种子；二看种子标签是否注明检疫证明编号；三看外地调进种子是否带有《植物检疫证书》。

四、处罚

1. 伪造、涂改、买卖、转让植物检疫单证、印章、标志、封识的，对当事人处以 1 000 元以上、6 000 元以下罚款。

2. 对擅自调运植物、植物产品的，植物检疫机构有权封存、没收、销毁或者责令改变用途，并可对当事人处以 1 000 元以上或者货值 5% 以下的罚款。

五、法律依据

《植物检疫条例》《植物检疫条例实施细则（农业部分）》《辽宁省农业植物检疫实施办法》《中华人民共和国种子法》。

图书在版编目（CIP）数据

建平县种植业实用技术手册／方子山主编．—北京：
中国农业出版社，2022.7
ISBN 978-7-109-29686-2

Ⅰ.①建⋯　Ⅱ.①方⋯　Ⅲ.①种植业－农业技术－建
平县－技术手册　Ⅳ.①S3-62

中国版本图书馆 CIP 数据核字（2022）第 121035 号

中国农业出版社出版

地址：北京市朝阳区麦子店街 18 号楼
邮编：100125
责任编辑：廖　宁　冯英华
责任校对：刘丽香
印刷：中农印务有限公司
版次：2022 年 7 月第 1 版
印次：2022 年 7 月北京第 1 次印刷
发行：新华书店北京发行所
开本：880mm×1230mm　1/32
印张：6.75
字数：200 千字
定价：58.00 元